高等职业教育**大数据**系列教材

Python 编程基础与数据分析

齐爱琴　尹逊伟　王毅　主编

化学工业出版社

·北京·

内容简介

本书是一本教初学者学习 Python 基础知识及简单数据处理的入门书籍。以 PyCharm 作为开发工具，采用理论与项目结合的形式，循序渐进地讲解 Python 基础知识、网络爬虫、pandas 数据处理及数据可视化。本书共 12 章，第 1~9 章讲解了 Python 基础知识，包括 Python 开发环境的安装、语法基础、控制流程语句、序列、字典和集合、函数、类与对象、异常处理、文件操作；第 10 章讲解了网络爬虫，包括使用 requests 库爬取数据、使用 BeautifulSoup 库解析数据、使用 Scrapy 框架实现爬虫；第 11 章讲解了 pandas 数据处理，包括 Series 对象、DataFrame 对象、数据清洗与数据处理；第 12 章讲解了使用 matplotlib 库进行数据可视化。

本书适合编程初学者学习 Python 基础知识和简单的数据处理，也适合作为专科、本科院校计算机相关的教材。

图书在版编目（CIP）数据

Python 编程基础与数据分析/齐爱琴，尹逊伟，王毅主编. —北京：化学工业出版社，2024.4
高等职业教育大数据系列教材
ISBN 978-7-122-44948-1

Ⅰ. ①P… Ⅱ. ①齐… ②尹… ③王… Ⅲ. ①软件工具-程序设计-高等职业教育-教材 Ⅳ. ①TP311.561

中国国家版本馆 CIP 数据核字（2024）第 067682 号

责任编辑：潘新文
文字编辑：徐　秀　师明远
责任校对：李雨晴
装帧设计：王晓宇

出版发行：化学工业出版社
　　　　　（北京市东城区青年湖南街 13 号　邮政编码 100011）
印　　装：北京天宇星印刷厂
787mm×1092mm　1/16　印张 13¼　字数 344 千字
2024 年 8 月北京第 1 版第 1 次印刷

购书咨询：010-64518888
售后服务：010-64518899
网　　址：http://www.cip.com.cn
凡购买本书，如有缺损质量问题，本社销售中心负责调换。

定　　价：44.00 元　　　　　　　　　　　　　　版权所有　违者必究

前言
PREFACE

随着大数据技术和人工智能的发展，Python 已成为最受欢迎的编程语言之一。因其简单易学、可移植性、可扩展性、跨平台、开源、功能强大等特点，Python 在 Web 开发、自动化运维、人工智能、网络爬虫、科学计算、游戏开发等领域都有广泛的应用。

本书是在 Windows10 和 PyCharm 环境下对 Python3 的基础知识、网络爬虫、pandas 数据处理和数据可视化进行了由浅入深、循序渐进的讲解，适合编程初学者。本书共分为 12 章，每个章节包含知识介绍、案例代码和项目，既介绍了基本理论知识，又展示了具体应用。各章内容如下。

第 1 章首先介绍了 Python 语言的特点和发展历史；然后介绍了 Python 安装和 PyCharm 环境的安装；最后介绍了在 PyCharm 环境下如何开发 Python 程序。

第 2 章首先介绍了 Python 语法特点，包括注释、标识符、关键字和缩进格式；然后介绍了 Python 的变量、数据类型和运算符。

第 3 章介绍了 Python 程序流程控制，包括选择结构、循环结构、break 语句和 continue 语句等。最后通过两个项目，更深入地展示了选择结构和循环结构的应用。

第 4 章介绍了 Python 中的序列，包括字符串、列表和元组。详细介绍了字符串、列表和元组的创建、常用方法，结合两个项目展示了字典的应用。

第 5 章介绍了字典和集合的创建、常用方法，并结合一个项目更深入地展示了其应用。

第 6 章主要介绍了函数，包括函数的概念、声明函数、调用函数、函数的形参和实参、函数的返回值、变量的作用域、递归函数、匿名函数和高阶函数，并结合两个项目展示了函数的具体应用。

第 7 章主要介绍了 Python 面向对象编程，包括类和对象的概念、面向对象三大特征、类和对象的创建、类的属性和方法、继承的实现、方法重写、多态的实现等知识，同时结合项目展示了面向对象编程技术的应用。

第 8 章主要介绍了 Python 异常处理，包括错误和异常概念、异常处理、自定义异常类、抛出异常等知识，并结合项目展示了异常应用。

第 9 章主要介绍了 Python 中文件的操作，包括打开和关闭文件、读写文件、文件定位、创建和删除目录和遍历目录等知识，并结合项目展示了文件操作的具体应用。

第 10 章主要介绍了网络爬虫，包括网络爬虫概念、分类、使用 requests 库爬取网页数据、使用 BeautifulSoup 库解析网页数据、使用 Scrapy 框架实现爬虫等知识，并结合项目展示了如何从网页爬取数据。

第 11 章主要介绍了 pandas 数据处理，包括 Series 的创建和常用操作、DataFrame 的创建和常用操作、pandas 读写文件和简单的数据处理知识，并结合实际案例展示了使用 pandas 清洗和处理数据。

第 12 章主要介绍了数据可视化，包括 matplotlib 库的安装、图表的属性、绘制折线图、柱状图、饼图、散点图、绘制子图等知识，并结合项目展示了使用 matplotlib 库绘制各种图表的应用。

本书提供了各章节中的案例和项目源代码和素材，帮助大家学习和参考。

本书由齐爱琴、尹逊伟和王毅主编，马骁参与编写。齐爱琴编写了第 4 章、第 6 章、第 7 章、第 11 章和第 12 章；尹逊伟编写了第 2 章、第 3 章、第 5 章、第 8 章、第 9 章；王毅编写了第 1 章和第 10 章。由于时间和编者水平有限，书中疏漏和不足之处在所难免，敬请广大读者指正。联系邮箱 qiaiqin@163.com。

编者

2023.11

Python

目录 CONTENTS

第 1 章　python 概述 ·· 001
　1.1　Python 语言简介 ·· 001
　　　1.1.1　什么是 Python ·· 001
　　　1.1.2　Python 特点 ··· 001
　1.2　Python 开发环境 ·· 002
　　　1.2.1　下载和安装 Python ··· 002
　　　1.2.2　下载和安装 PyCharm ··· 006
　1.3　第一个 Python 程序 ··· 009
　习题 ··· 012
第 2 章　Python 编程基础 ··· 013
　2.1　Python 语法特点 ·· 013
　　　2.1.1　注释 ·· 013
　　　2.1.2　代码缩进 ·· 014
　　　2.1.3　标识符 ·· 014
　　　2.1.4　关键字 ·· 015
　2.2　变量 ··· 015
　　　2.2.1　变量的赋值 ·· 015
　　　2.2.2　变量和数据类型 ·· 015
　2.3　常用的数据类型 ·· 016
　　　2.3.1　整数类型 ·· 016
　　　2.3.2　浮点类型 ·· 016
　　　2.3.3　布尔类型 ·· 016
　　　2.3.4　字符串类型 ·· 017
　　　2.3.5　数据类型转换 ·· 018
　2.4　运算符 ··· 019
　　　2.4.1　算术运算符 ·· 020
　　　2.4.2　赋值运算符 ·· 021
　　　2.4.3　比较运算符 ·· 022

  2.4.4 逻辑运算符 022
  2.4.5 成员运算符 022
  2.4.6 位运算符 023
  2.4.7 运算符优先级别 023
 2.5 [项目训练]圆的面积和周长 024
 习题 025

第3章 程序流程控制 026

 3.1 选择结构 026
  3.1.1 单分支结构 026
  3.1.2 双分支结构 027
  3.1.3 多分支结构 028
  3.1.4 if 语句嵌套 030
 3.2 [项目训练]计算器软件设计 031
 3.3 循环结构 032
  3.3.1 while 循环 033
  3.3.2 for 循环 034
  3.3.3 循环嵌套 035
  3.3.4 break 语句 036
  3.3.5 continue 语句 037
 3.4 [项目训练]贷款计算器 038
 习题 040

第4章 序列 043

 4.1 字符串 043
  4.1.1 字符串格式化 043
  4.1.2 字符串常用操作 045
 4.2 [项目训练]身份证获取生日和性别 049
 4.3 列表 050
  4.3.1 创建列表 050
  4.3.2 列表常用操作 050
 4.4 [项目训练]简易音乐库 054
 4.5 元组 057
  4.5.1 创建元组 057
  4.5.2 元组操作 058
 习题 059

第5章 字典和集合 060

 5.1 字典 060

    5.1.1 创建字典 ········· 060
    5.1.2 字典常用操作 ········· 061
  5.2 [项目训练]通讯录 ········· 065
  5.3 集合（set）········· 068
    5.3.1 创建集合 ········· 068
    5.3.2 集合常用操作 ········· 069
  习题 ········· 072

第 6 章 函数 ········· 073
  6.1 函数概述 ········· 073
  6.2 函数声明与调用 ········· 073
    6.2.1 声明函数 ········· 073
    6.2.2 调用函数 ········· 074
  6.3 参数传递 ········· 074
    6.3.1 形参与实参 ········· 074
    6.3.2 位置参数 ········· 075
    6.3.3 默认参数 ········· 075
    6.3.4 关键字参数 ········· 076
    6.3.5 可变参数 ········· 076
  6.4 函数返回值 ········· 078
  6.5 变量作用域 ········· 079
    6.5.1 局部变量 ········· 079
    6.5.2 全局变量 ········· 080
    6.5.3 global 和 nonlocal ········· 081
  6.6 递归函数 ········· 082
  6.7 匿名函数 ········· 083
  6.8 高阶函数 ········· 083
    6.8.1 map()函数 ········· 083
    6.8.2 filter()函数 ········· 084
  6.9 [项目训练 1]汉诺塔 ········· 084
  6.10 [项目训练 2]员工管理系统 ········· 086
  习题 ········· 090

第 7 章 类和对象 ········· 091
  7.1 面向对象概述 ········· 091
    7.1.1 对象 ········· 091
    7.1.2 类 ········· 092
    7.1.3 面向对象特性 ········· 092
  7.2 创建类与对象 ········· 092

		7.2.1 定义类	092
		7.2.2 创建对象	093

7.3 类的成员 093
    7.3.1 属性 093
    7.3.2 方法 097
    7.3.3 构造方法和析构方法 099
7.4 继承 101
    7.4.1 实现继承 101
    7.4.2 方法重写 103
7.5 多态 103
7.6 [项目训练]银行账户管理系统 104
习题 109

第8章 异常 111

8.1 错误和异常概述 111
    8.1.1 错误 111
    8.1.2 异常 112
8.2 异常处理语句 114
    8.2.1 try…except 语句 114
    8.2.2 try…excep…else 语句 116
    8.2.3 try…excep…finally 语句 117
8.3 自定义异常类 118
8.4 抛出异常 118
    8.4.1 使用 raise 语句抛出异常 118
    8.4.2 使用 assert 语句抛出异常 120
8.5 [项目训练]货币兑换系统 120
习题 122

第9章 文件操作 124

9.1 基本文件操作 124
    9.1.1 打开和关闭文件 124
    9.1.2 读文件 127
    9.1.3 写文件 129
    9.1.4 文件定位 130
9.2 os 模块管理文件与目录 131
    9.2.1 创建和删除目录 131
    9.2.2 删除文件 132
    9.2.3 遍历目录 132
    9.2.4 其他方法 132

9.3　[项目训练]文件拷贝··· 133
习题··· 136

第 10 章　网络爬虫··· 138

10.1　初识网络爬虫·· 138
10.2　requests 库··· 139
10.2.1　安装 requests 库··· 139
10.2.2　requests 爬取数据··· 140
10.3　使用 BeautifulSoup 爬取网页······································· 142
10.3.1　解析器··· 142
10.3.2　搜索元素·· 143
10.4　[项目训练]爬取二手房信息·· 144
10.5　Scrapy 爬虫框架··· 147
10.5.1　环境搭建·· 147
10.5.2　第一个 Scrapy 项目·· 147
10.5.3　Scrapy 框架操作流程·· 149
10.6　[项目训练]爬取影评··· 152
习题··· 154

第 11 章　pandas 数据处理··· 155

11.1　pandas 数据结构··· 155
11.1.1　Series·· 155
11.1.2　DataFrame··· 157
11.2　DataFrame 常用基本操作·· 160
11.2.1　DataFrame 常用属性和方法···································· 160
11.2.2　访问数据·· 163
11.2.3　数据排序·· 167
11.2.4　数据分组·· 169
11.3　pandas 读取文件··· 169
11.3.1　读取 CSV 文件·· 170
11.3.2　读取 EXCEL 表格文件·· 170
11.4　缺失值和重复数据处理··· 171
11.4.1　缺失值处理··· 171
11.4.2　重复数据处理·· 175
11.5　[训练项目]招聘职位数据处理······································· 176
习题··· 182

第 12 章　数据可视化——matplotlib 绘图······························ 183

12.1　数据可视化简介·· 183

12.2 matplotlib 的安装 …………………………………………………………… 184
12.3 图表属性 ……………………………………………………………………… 185
　　12.3.1 添加标题和图例 ……………………………………………………… 185
　　12.3.2 设置坐标轴的属性 …………………………………………………… 187
　　12.3.3 显示网格 ……………………………………………………………… 188
12.4 绘制简单图表 ………………………………………………………………… 189
　　12.4.1 绘制折线图 …………………………………………………………… 189
　　12.4.2 绘制柱形图 …………………………………………………………… 192
　　12.4.3 绘制饼图 ……………………………………………………………… 193
　　12.4.4 绘制散点图 …………………………………………………………… 194
12.5 绘制多图 ……………………………………………………………………… 195
　　12.5.1 figure 对象绘图 ……………………………………………………… 195
　　12.5.2 绘制子图 ……………………………………………………………… 197
12.6 [训练项目]招聘职位数据分析 ……………………………………………… 200
习题 …………………………………………………………………………………… 204

参考文献 ……………………………………………………………………………… 205

第 1 章 Python 概述

Python 由荷兰数学和计算机科学研究学会的 Guido van Rossum 于 20 世纪 90 年代初设计，是 ABC 语言的替代品。Python 语法和动态类型，以及解释型语言的本质，使它成为多数平台上写脚本和快速开发应用的编程语言，随着版本的不断更新和语言新功能的添加，其逐渐被用于独立的、大型项目的开发。

本章涉及的主要知识点有：
- 了解 Python 语言的特点；
- 掌握 Python 开发环境的安装；
- 掌握使用 Pycharm 开发 Python 程序步骤。

1.1 Python 语言简介

1.1.1 什么是 Python

Python 是一种解释型、面向对象、动态数据类型的高级程序设计语言。Python 是一种解释型语言，开发过程中没有编译这个环节，与 PHP 和 Perl 语言类似。Python 是面向对象语言，支持面向对象的编程技术。Python 是交互式语言，可以在一个 Python 提示符后直接执行代码。Python 对初级程序员而言，是一种伟大的语言，它支持广泛的应用程序开发，从简单的文字处理到 www 浏览器再到游戏。

Python 广泛用于后端开发、游戏开发、网站开发、科学运算、大数据分析、云计算、图形开发等领域。可以使用 Python 语言完成图形处理、数字处理、文本处理、数据库编程、网络编程、数据爬虫编写等。

1.1.2 Python 特点

Python 有以下特点：

（1）简单易学

Python 语言语法简单、结构简单清晰、关键字相对少、代码定义清晰、易于阅读、易于学习、易于维护，学习起来更加容易。

（2）免费、开源

Python 是 FOSS（自由和开放源代码软件）之一。可以自由地发布 Python 的拷贝、阅读 Python 源代码、对源代码进行改动生成新的版本。

(3)可移植性

基于其开放源代码的特性，Python 代码可移植到许多平台运行，如果避免依赖系统的特性，那么所有 Python 程序无须修改就可以在以下任何平台上面运行：Linux、Windows、FreeBSD、Macintosh、Solaris、OS/2、Amiga、AROS、AS/400、BeOS、OS/390、z/OS、Palm OS、QNX、VMS、Psion、Acom RISC OS、VxWorks、PlayStation、Sharp Zaurus、Windows CE，甚至还有 PocketPC、Symbian 以及 Google 基于 Linux 开发的 Android 平台。

（4）庞大的标准库

Python 提供了非常丰富的标准库，它可以处理各种工作，包括正则表达式、线程、数据库、网页浏览器、CGI、FTP、电子邮件、XML、XML-RPC、HTML、WAV 文件、密码系统、GUI（图形用户界面）、Tk 和其他与系统有关的操作。除了标准库以外，还有许多其他高质量的库，如 wxPython、Twisted 和 Python 图像库等。

（5）面向对象

在 Python 语言中，函数、模块、数字、字符串都是对象，支持继承、重载、派生、多继承，有益于增强源代码的复用性；Python 支持重载运算符和动态类型。

（6）规范的代码

Python 采用强制缩进的方式，使得代码具有极佳的可读性。

（7）可扩展

如果你需要一段运行很快的关键代码，或者是想要编写一些不愿开放的算法，可以使用 C 或 C++完成那部分程序，然后在 Python 程序中调用。

1.2 Python 开发环境

1.2.1 下载和安装 Python

目前，Python 有两个版本，Python 2.x 版和 Python 3.x 版，这两个版本是不兼容的。由于 Python 3.x 版越来越普及，本书以 Python 3.9 版本为基础讲解。

Python 最新源码、二进制文档、新闻资讯等可以在 Python 的官网查看。

Python 官网：https://www.python.org/

Python 文档下载地址：https://www.python.org/doc/

本书是基于 Windows 平台介绍 Python 程序。下面介绍 Python 下载安装步骤。

① 访问 https://www.python.org/downloads/，选择 Python3.9.4 版本，并单击 Download 按钮，如图 1-1 所示。

② 根据 Windows 版本（64 位或 32 位），选择 Python 3.9 对应的 64 位安装程序或 32 位安装程序，并单击"Windows installer（64-bit）"或"Windows installer（32-bit）"，如果 1-2 所示。

③ 双击已下载的 Python 文件，在弹出的"安装 Python"对话框中选择安装方式："Install Now"或者"Customize Installation"，分别是默认安装方式和自定义安装方式。两种安装方

式均可使用，这里选择第一种安装方式。勾选"Add Python 3.9 to PATH"选项（设置环境变量选项），单击"Install Now"（默认安装方式）开始安装，如图1-3所示。

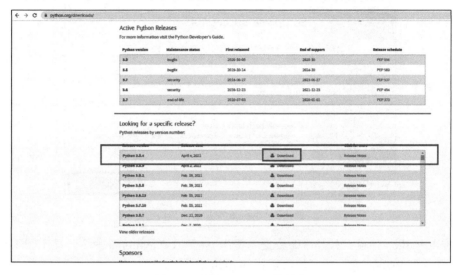

图1-1　选择Python下载版本

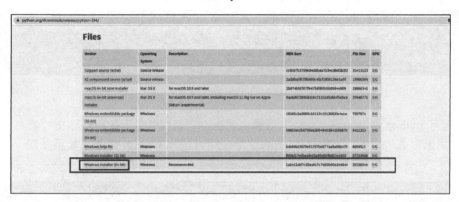

图1-2　选择对应Windows版本的Python安装程序

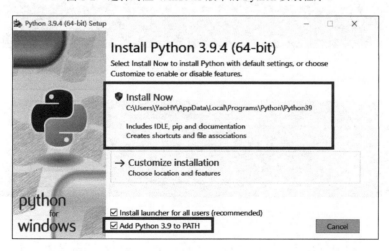

图1-3　安装Python

④ 安装成功后界面如图 1-4 所示，单击"Close"关闭。

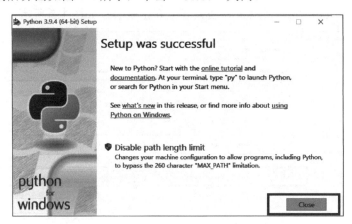

图 1-4 Python 安装成功界面

⑤ 进入 Python 环境。打开"命令提示符"，并输入"python"命令，显示图 1-5 所示效果，同时进入到 Python 交互式环境，运行 python 命令。

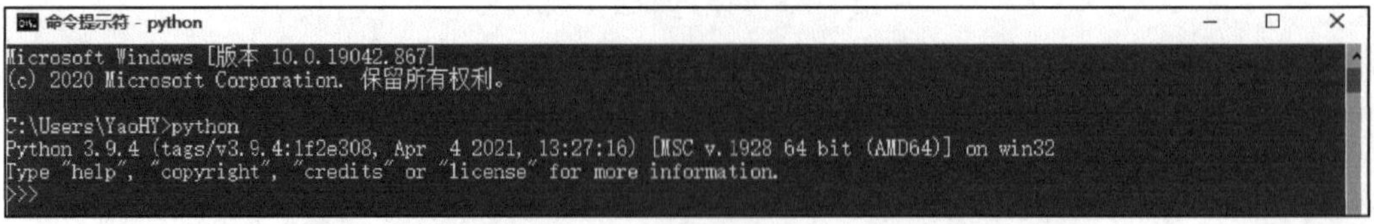

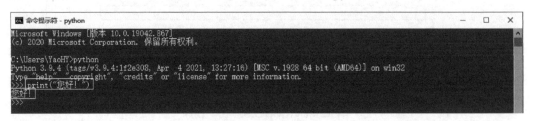

图 1-5 运行成功界面

⑥ 运行 python 命令。在">>>"后输入"print("您好！")"命令，输出"您好！"，效果如图 1-6 所示。在">>>"后输入"exit()"命令即可退出 python 命令，效果如图 1-7 所示。

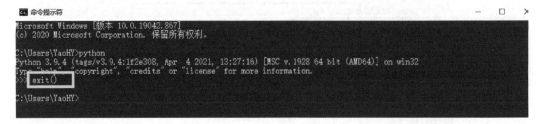

图 1-6 运行输出命令

图 1-7 退出 python 命令

如果在第③步没有勾选"Add Python 3.9 to PATH"选项，则需要配置环境变量。
① 打开环境变量配置界面。右击"我的电脑"，选择"属性"菜单，弹出"设置"界面，

如图 1-8 所示。

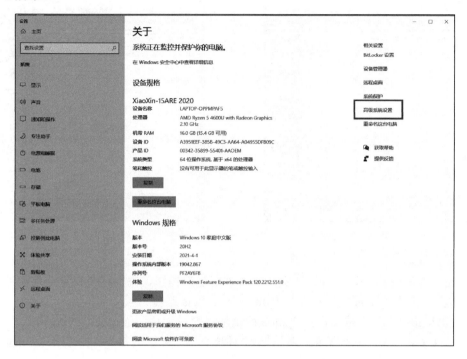

图 1-8 "设置"界面

② 在"设置"界面中单击"高级系统设置"按钮，弹出"系统属性"对话框，如图 1-9 所示。

③ 在"系统属性"对话框中单击"环境变量"按钮，弹出"环境变量"对话框，如图 1-10 所示。

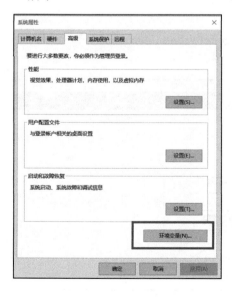   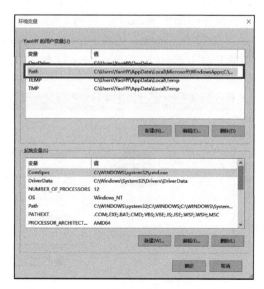

图 1-9 "系统属性"对话框   图 1-10 "环境变量"对话框

④ 双击"Path"，弹出"编辑环境变量"对话框，如图 1-11 所示。

 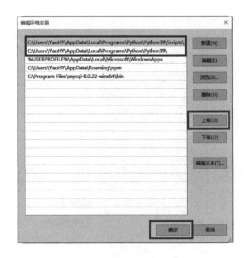

图 1-11 "编辑环境变量"对话框　　　　　图 1-12 添加环境变量

⑤ 在"编辑环境变量"对话框中，单击"新建"按钮，添加环境变量。需要添加两个环境变量，分别是 Python 安装路径及 Python 下 Scripts 路径。

接下来单击"上移"按钮，将 Python 两个环境变量上移到最上面，如图 1-12 所示效果。

⑥ 依次单击"编辑环境变量"对话框、"环境变量"对话框和"系统属性"对话框的"确定"按钮即可完成环境变量配置。

1.2.2 下载和安装 PyCharm

PyCharm 是 JetBrains 公司开发的 Python IDE，是目前使用最广泛的 Python 集成开发环境。具有调试、语法高亮、Project 管理、代码跳转、智能提示、自动完成、单元测试、版本控制等功能。目前最新版本是 PyCharm 2020.3.5 版本。

下面介绍基于 Windows 的 PyCharm 安装步骤。

① 下载 PyCharm。访问 https://www.jetbrains.com/pycharm/download/，可选择两个版本，分别是 Professional 和 Community 版本，如图 1-13 所示。

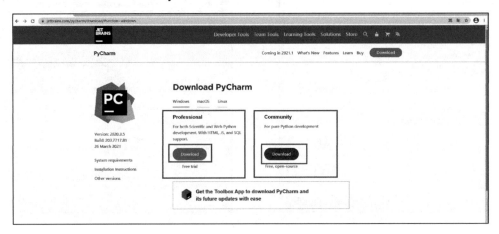

图 1-13　PyCharm 下载

Professional 版本支持 Web 开发。Community 版本仅支持 Python 开发，是免费的版本。

根据需求选择相应版本单击"Download"下载即可。

② 双击已下载的 PyCharm 安装文件，弹出如图 1-14 所示对话框。

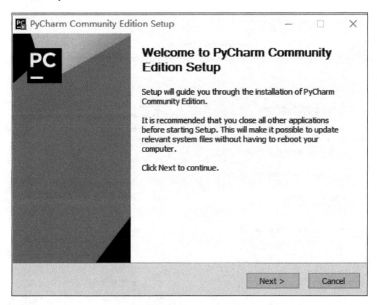

图 1-14　PyCharm 安装界面（1）

③ 单击"Next"按钮，打开图 1-15 所示对话框，在该对话框中单击"Browse"按钮设置 PyCharm 安装路径。

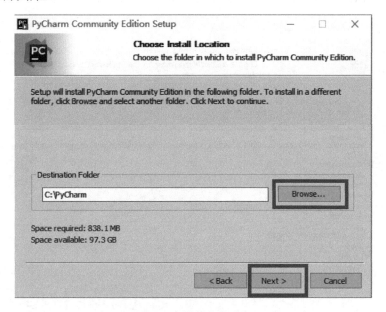

图 1-15　设置安装路径

④ 单击"Next"按钮，弹出如图 1-16 所示界面。在该界面中勾选"64-bit launcher""·py"和"Add launchers dir to the PATH"选项。

"64-bit launcher"选项是系统位数是 64 位，".py"选项是将所有.py 格式文件关联到 PyCharm，.py 格式的文件会默认以 PyCharm 来打开。"Add launchers dir to the PATH"选项

是将 PyCharm 的启动目录添加到环境变量。"Add "Open Folder as Project""选项为添加打开文件夹作为项目。

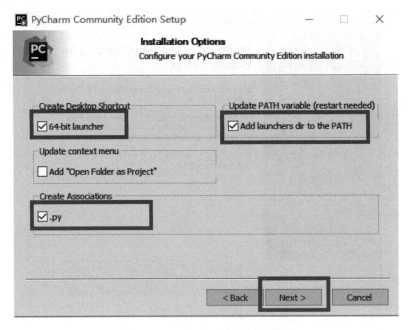

图 1-16 PyCharm 安装设置界面

⑤ 单击"Next"打开如图 1-17 所示界面，并单击"Install"开始安装。

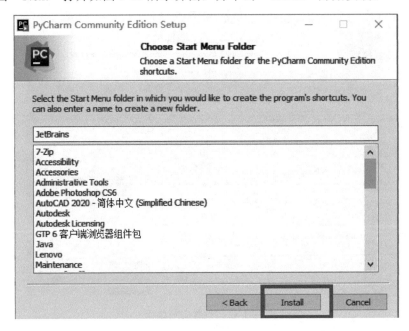

图 1-17 PyCharm 安装界面（2）

⑥ 在图 1-18 所示的界面中，选中"Reboot now"，单击"Finish"完成安装，并立刻重启。

第 1 章 Python 概述

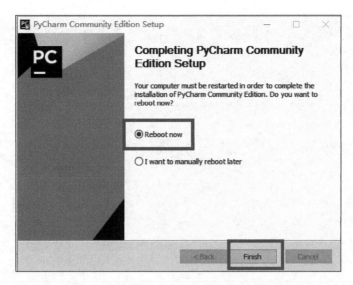

图 1-18 安装完成界面

1.3 第一个 Python 程序

安装完 PyCharm 后，接下来介绍使用 PyCharm 编写 Python 程序。

例 1-1 使用 python 输出信息。

① 打开 PyCharm 软件，设置 Python 工程存放位置；

② 选择工程，单击右键，在弹出的菜单中选择"New"→"Python File"，如图 1-19 所示。

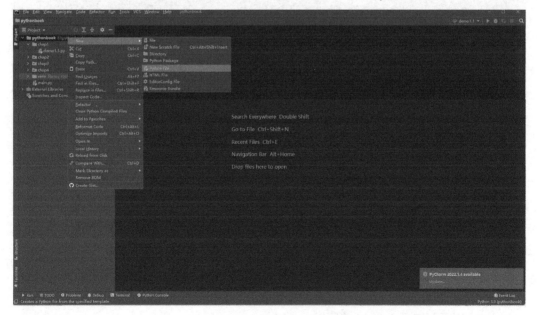

图 1-19 新建 Python 文件

③ 为新建 Python 文件命名。在"Name"文本框中输入文件名称，按回车键，如图 1-20 所示。

图 1-20　命名 Python 文件

④ 此时会创建名为"demo1.1.py"的 Python 文件，如图 1-21 所示。

图 1-21　新建文件后的界面

⑤ 编辑 Python 代码。在 PyCharm 界面的代码编辑区域开始编写代码，如图 1-22 所示。程序代码如下：

print("大家好!")
print("我正在学习 Python 语言")
print("再见!")

⑥ 运行代码。单击菜单"Run"→"Run 'demo1.1'"，如图 1-23 所示。

⑦ 运行结果如图 1-24 所示。

第1章 Python 概述

图 1-22　编辑代码

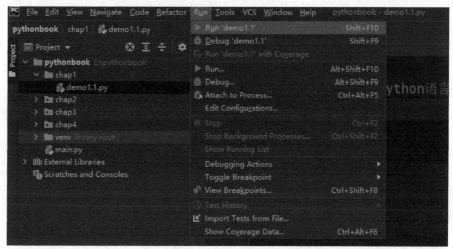

图 1-23　运行代码

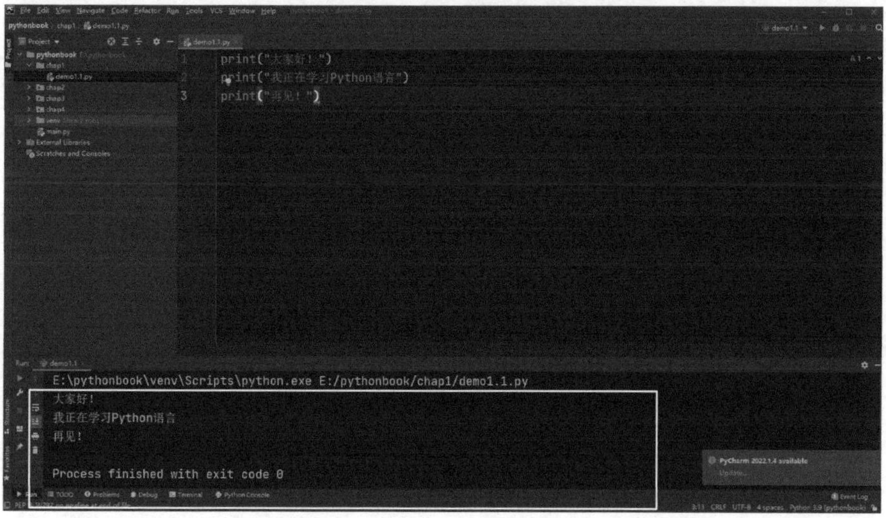

图 1-24　运行结果

习 题

一、选择题

1. Python 广泛应用于（　　）。
   A. 大数据分析　　　　B. 科学运算　　　　C. 云计算　　　　D. 后端开发
2. Python 文件的扩展名是（　　）。
   A. .java　　　　　　B. .class　　　　　C. .py　　　　　　D. .sql
3. 下列不是 Python 语言的特点的是（　　）。
   A. 简单易学　　　　　B. 不可移植性　　　C. 面向对象　　　　D. 免费、开源
4. 下列属于 Python 面向对象特点的是（　　）。
   A. 继承　　　　　　　B. 重载　　　　　　C. 关键字相对少　　D. 丰富的标准库
5. （　　）是 JetBrains 公司开发的 Python IDE，是目前使用最广泛的 Python 集成开发环境。
   A. Pycharm　　　　　　　　　　　　B. Visual Studio Code
   C. Eclipse　　　　　　　　　　　　D. Hbuilder

二、填空题

1. Python 由荷兰数学和计算机科学研究学会的 _____ 设计，是 ABC 语言的替代品，第一个公开发行版发行于 _____。
2. Python 是一种 _____、_____、_____ 的高级程序设计语言。
3. 打开"命令提示符"，并输入 _____ 命令，如果安装成功则进入到 Python 交互式环境。
4. Python 中输出"您好！"的语句是 _____。
5. Pycharm 中运行 Python 程序的快捷键是 _____。

三、简答题

1. 简述 Python 语言的特点。
2. 简述 Python 和 Pycharm 安装步骤。

第 2 章 Python 编程基础

学习每种编程语言，都要先熟悉其基本语法规则。本章重点介绍了 Python 基础语法、变量、数据类型、标识符、关键字、运算符等知识。

本章涉及的主要知识点有：
- Python 的注释方式；
- Python 的编码格式；
- Python 标识符和关键字；
- Python 变量和数据类型；
- Python 运算符。

2.1 Python 语法特点

每种语言均有自己的语法规则，编程语言也不例外。使用编程语言便要遵守其语法规则，如代码的书写、标识符的定义、变量的定义等等。因此想要学好 Python 语言，首先要熟悉其基础语法。

2.1.1 注释

注释是对程序代码的解释和说明，其目的是提高代码的可读性。当程序被执行时，注释内容会被忽略。每种编程语言注释均不同，在 Python 语言中有 2 种类型的注释，分别是单行注释和多行注释。

（1）单行注释

在 Python 语言中，使用"#"作为单行注释的符号，从"#"开始到本行结束的部分均是注释内容。"#"注释可以放在注释代码的前一行，也可以放在代码右侧，例如：

```
# 第一种单行注释,在代码的前一行
print("Hello Python!")# 第二种单行注释,在代码的右侧
```

以上两种方法虽然位置不同，但程序运行结果是相同的。输出结果为："Hello Python！"。为了保证代码的可读性，"#"后面加一个空格，再写注释内容。

（2）多行注释

如果注释内容多于 1 行，可以使用 3 个单引号或 3 个双引号进行多行注释，例如：

```
'''这是多行注释,用三个单引号
    这是多行注释,用三个单引号
```

```
    这是多行注释,用三个单引号'''
    print("Hello Python!")
"""这是多行注释,用三个双引号
    这是多行注释,用三个双引号
    这是多行注释,用三个双引号"""
print("Hello Python!")
```

多行注释通常用来为 Python 文件、模块、类或函数等添加版权、功能描述等信息。在 Python 中,如果三个单引号或三个双引号作为语句的一部分出现,则不能将它视为注释,而是字符串标志,例如:

```
print('''Hello Python!''')
```

该语句的运行结果为:Hello Python!。因此,在这条语句中三个单引号并不是注释,而是字符串标志。

2.1.2　代码缩进

在 Python 语言中使用缩进表示代码块,这是 Python 强制要求的,对缩进的要求非常严格。语句块中的每行代码必须使用相同数量的空格缩进,一般建议使用 4 个空格。例如:

```
if x>y:
    print("x 大于 y")
    print(x)
else:
    print("x 小于或等于 y")
    print(y)
```

2.1.3　标识符

在编程过程中,需要使用标记给变量、常量、函数、类、包等元素命名,这些标记称为标识符。在 Python 语言中,标识符命名须遵守以下规则:

① 标识符只能由字符（a~z，A~Z）、数字和下划线组成,且不能以数字开头。
② 标识符不能是 Python 关键字。
③ 标识符中的字母严格区分大小写。

合法的标识符,如:

```
name    student_age    max2    _UserID    For
```

非法的标识符,如:

```
user.name    while    3sum    hello+word
```

在 Python 语言中定义标识符要严格遵守以上的规则,否则程序编译时会报错。除此之外,为了增强代码可读性,建议标识符命名时还遵守以下规则:

① 见名知意,起有意义的名字,让人一看便知标识符的意义。如用户名可以用"username"表示,密码可用"password"表示。

② 当标识符用作模块名时,使用小写字母,多个单词之间可以用下划线分割,例如 book_login、book_register 等。

③ 当标识符用作包的名称时,使用小写字母,多个单词之间可以用点分割,例如 com.my.user、com.my.book 等。

④ 当标识符用作类名时,应采用单词首字母大写的形式。例如,定义一个用户类,可以命名为 User。

⑤ 函数名、类中的属性名和方法名，应使用小写字母，多个单词之间可以用下划线分割。
⑥ 常量命名应全部使用大写字母，单词之间可以用下划线分割。

2.1.4 关键字

关键字也称为保留字，是 Python 语言中已经被赋予特殊意义的单词。开发者在编写程序时，不能定义和关键字名字相同的标识符。在 Python 中，可以使用如下命令查看关键字：

```
import keyword
print(keyword.kwlist)
```

下面是 Python 语言中所有的关键字：

False	break	for	not
None	class	from	or
True	continue	global	pass
__peg_parser__	def	if	raise
and	del	import	return
as	elif	in	try
assert	else	is	while
async	except	lambda	with
await	finally	nonlocal	yield

2.2 变量

计算机程序经常需要处理各种类型的数据，这些数据必须存储在内存中。变量是内存中的一块区域，可以存储值，值可以改变。

2.2.1 变量的赋值

在 Python 中，变量不需要声明，但是变量在使用前必须赋值，变量只有在赋值之后才会被创建。每次给变量赋值，都是创建一个新的变量。

在 Python 中，使用"="作为赋值运算符，其语法格式如下：

变量名=值

变量可以存储各种类型数据，如：

```
x=10                # x是变量,值是整数10
y="abc"             # y是变量,值是字符串"abc"
z=True              # z是变量,值是True
x="xyz"             # x的值发生变化,值变为字符串"xyz"
```

变量的值可以发生变化，如：

```
x=23.6              # x的值为23.6
x="hello"           # x的值为"hello"
x=5                 # x的值为5
```

2.2.2 变量和数据类型

变量是用来存储数据的，可以是整数、字符串、实数等等，那么是给所有变量分配同样大小的空间吗？肯定不是的，如果给所有变量分配同样大小的空间，会浪费未利用到的内存空间。为了充分利用内存空间，可以为变量指定不同的数据类型，每种数据类型所占据内存空间是不同的。Python 中的数据类型可以分为数值型和非数值型，如图 2-1 所示。

2.3 常用的数据类型

2.3.1 整数类型

在 Python 中，整数类型有 4 种表示方式，分别是：十进制、二进制、八进制和十六进制。二进制由"0B"或"0b"开头，每位数不能大于 1；八进制由"0O"或"0o"开头，每位数不能大于 7；十六进制由"0X"或"0x"开头，每位数不能大于 15，其中 10～15 分别用 A、B、C、D、E 和 F 表示。案例代码如下：

```
a=21
b=0b110
c=0o21
d=0x21
print(a,b,c,d)
```

运行上面代码，结果如下：

```
21 6 17 33
```

图 2-1 Python 数据类型

2.3.2 浮点类型

浮点类型表示小数，例如 3.14、-2.3、0.0 等都是浮点型数据。Python 的浮点型数据和整型数据唯一区别是有没有小数点。浮点型数据有两种表示方式，十进制形式和指数形式。

（1）十进制形式

十进制形式就是小数形式，例如 7.2、-0.6、2.0 等。十进制形式的浮点数必须包含小数点，否则会被 Python 当做整型数据处理。

（2）指数形式

对于很大或很小的浮点数，一般采用指数形式来表示。Python 中指数形式格式如下：

<实数>E<整数>
<实数>e<整数>

其中 E 或 e 表示基数 10，整数表示其指数。例如，1.2E8 表示 1.2×10^8，3.1e-5 表示 3.1×10^{-5}。

2.3.3 布尔类型

布尔类型表示真和假，如 10>2 是正确的，即为真，4<8 是错误的，即为假。在 Python 中，使用 True 和 False（注意：首字母大写）分别表示真和假。布尔类型可以转换成整型数据，True 转换为数字后是 1，False 转换为数字后是 0，代码如下：

```
print(int(True))
print(int(False))
```

运行上面代码，结果如下：

```
1
0
```

下面是 Python 中为假的情况：
- False；
- None；
- 数值中的 0,0.0,0j（虚数），Decimal(0)，Fraction(0,1)；
- 空字符串（''）；
- 空元组（()），空列表（[]），空集合（set()），空字典（{}）；
- 对象默认为 True，除非它用 bool()方法且返回 False 或 len()方法且返回 0。

可以通过 bool()方法判断真假，案例代码如下：

```python
print(bool(None))
print(bool(0))
print(bool(10))
print(bool(''))
print(bool([]))
print(bool('abc'))
print(bool(set()))
```

运行上面代码，结果如下：

```
False
False
True
False
False
True
False
```

2.3.4 字符串类型

字符串是由若干个字符组成的集合。Python 中表示字符串有三种方式：
单引号方式：'字符串'
双引号方式："字符串"
三引号方式：'''字符串'''或"""字符串"""

其中，三引号字符串可以分成多行，多行之间的空格、换行符、Tab 键都是字符串的组成部分。

需要注意引号只是表示方式，不是字符串的一部分，如果字符串内部要包含同一种引号，则使用转义字符"\"标示，否则会报错，案例代码如下：

```python
print('I like Python!')
print('I like \'Python\'!')
print('I like "Python"!')
print('I like 'Python'!')
print("I like "Python"!")
```

单独运行上面前三行代码，结果如下：

```
I like Python!
I like 'Python'!
I like "Python"!
```

单独运行第四行代码，结果如下：

```
File "E:\pythonbook\chap2\chap2.0.py", line 28
    print( 'I like 'Python'! ' )
                    ^
SyntaxError: invalid syntax
```

单独运行第五行代码,结果如下:

```
File "E:\pythonbook\chap2\chap2.0.py", line 29
    print( "I like "Python"! " )
                   ^
SyntaxError: invalid syntax
```

Python 中,转义字符"\"可以转义很多字符,如表 2-1 所示。

表 2-1 Python 转义字符

转义字符	含义
\（在行尾时）	续行符号
\\	反斜杠符号
\'	单引号
\"	双引号
\b	退格（Backspace）
\000	空
\n	换行
\v	纵向制表位
\t	横向制表位
\r	回车
\f	换页
\oyy	八进制数,y 代表 0~7 的字符,如:\o12 代表换行
\xyy	十六进制数,y 代表 0~9、a~f、A~F 的字符,如:\x0a 代表换行
\other	其他的字符以普通格式输出

如果不想使用转义字符,也可以在字符串前面添加一个"r",表示原始字符串。案例代码如下:

print('Hello\nWorld')

print(r'Hello\nWorld')

运行上面代码,结果如下:

```
Hello
World
Hello\nWorld
```

2.3.5 数据类型转换

不同数据类型之间可以进行转换,Python 数据类型转换有两种方式:隐式转换和显式转换。隐式转换是系统自动完成数据类型的转换,不须干预。案例代码如下:

price=19.4
print(type(price))
count=10
print(type(count))
total=price*count
print(type(total))
print(total)

上述案例中，price 为浮点型数据，count 为整型数据，在计算 price*count 时，会自动将 count 转换成浮点型数据，运行结果如下：

```
<class 'float'>
<class 'int'>
<class 'float'>
194.0
```

显式类型转换需要借助函数，常见的数据类型转换函数如表 2-2 所示。

表 2-2 数据类型转换函数

函数	描述
int (x [,base])	将 x 转换为整数
float (x)	将 x 转换为浮点数
str (x)	将 x 转换为字符串

显式类型转换案例代码如下：

```
num1=3.5
print(int(num1))
str1="123"
print(int(str1))
num2=10
print(float(num2))
str2="45.2"
print(float(str2))
num3=67
print(str(num3))
num4=12.9
print(str(num4))
```

运行上面代码，结果如下：

```
3
123
10.0
45.2
67
12.9
```

2.4 运算符

运算符用于执行程序代码运算，会针对一个以上操作数项目来进行运算。例如：3*2 是 1 个乘法运算，其中"*"称为运算符，3 和 2 称为操作数。Python 语言支持以下运算符：

- 算术运算符
- 比较运算符
- 赋值运算符
- 逻辑运算符
- 位运算符
- 成员运算符

2.4.1 算术运算符

算术运算符是最常用的一种运算符，主要用于计算。Python 中算术运算符如表 2-3 所示。

表 2-3　Python 算术运算符

运算符	描述	实例	结果
+	加	10 + 5	15
-	减	10 - 5	5
*	乘	10 * 5	50
*	乘	"a" * 3	"aaa"
/	除	10 / 5	2.0
%	取模：返回除法的余数	13 % 5	3
**	幂	10 ** 5	100000
//	整除：只保留商的整数部分	13 // 5	2

加法运算若操作数为字符串，则具有连接字符串的作用，案例代码如下：

str1="hello"
str2="world"
result=str1+str2
print(result)

运行上面代码，结果如下：

```
hello world
```

"-"运算符有两个操作数时是数学中的减法，有一个操作数时则是求负数。

"*"运算符除了可以用做乘法运算，还可以用来重复字符串，即将多个相同的字符串连接起来，案例代码如下：

print("hello"*5)

运行上面的代码，结果如下：

```
hello hello hello hello hello
```

"/"和"//"都是除法运算符，但是两者之间有区别。"/"和数学中的除法相同，结果为浮点数；"//"是整除，只保留结果的整数部分，舍弃小数部分，注意是直接丢掉小数部分，而不是四舍五入。案例代码如下：

print(13/5)
print(13//5)
print(10/5)
print(10//5)

运行上面代码，结果如下：

```
2.6
2
2.0
2
```

"%"运算符是求两个数相除后的余数。对于小数，求余的结果也是小数。示例如下：

print(21%8)
print(-21%8)
print(21%-8)
print(-21%-8)
print(21.5%8)

运行上面的代码，结果如下：

```
5
3
-3
-5
5.5
```

2.4.2 赋值运算符

赋值运算符将右侧的表达式或对象赋给左侧的变量。赋值运算符的左侧必须是变量，不能是常量。Python 中基本赋值运算符是"＝"。也可以将"＝"和其他运算符组合起来构成复合赋值运算符。

（1）基本赋值运算符

基本赋值运算符的左侧是变量，右侧可以是常量、变量、表达式、对象等。基本赋值运算符案例如下：

```
num1=10
price=32.4
print("num1:",num1,"num2:",price)
num2=num1
print("num2:",num2)
total_price=price*price
print("total_price",total_price)
stu3_age=stu2_age=stu1_age=19
print(stu1_age,stu2_age,stu3_age)
```

赋值运算符是从右向左运算，在 stu3_age=stu2_age=stu1_age=19 中，首先将 19 赋值给 stu1_age，其次将 stu1_age 的值赋值给 stu2_age，最后将 stu2_age 的值赋给 stu3_age。运行上面代码，结果如下：

```
num1: 10 num2: 32.4
num2: 10
total_price 1049.76
19 19 19
```

（2）复合赋值运算符

赋值运算符与算术运算符、位运算符相结合，构成复合赋值运算符。算术复合赋值运算符如表 2-4 所示。

表 2-4 算术复合赋值运算符

运算符	描述	示例		
+=	x +=y 等价于 x=x + y	x=10	x+=5	x 结果是 15
-=	x -=y 等价于 x=x - y	x=10	x-=5	x 结果是 5
*=	x *=y 等价于 x=x * y	x=10	x*=5	x 结果是 50
/=	x /=y 等价于 x=x / y	x=10	x/=5	x 结果是 2.0
//=	x //=y 等价于 x=x // y	x=10	x//=5	x 结果是 2
%=	x %=y 等价于 x=x % y	x=10	x%=5	x 结果是 0
**=	x **=y 等价于 x=x ** y	x=10	x**=5	x 结果是 100000

2.4.3 比较运算符

比较运算符也称为关系运算符，用于对常量、变量或表达式结果进行大小比较。Python 中，比较运算符包括>、<、>=、<=、==、!=，比较两个数据后的结果是 True 或 False。比较运算符如表 2-5 所示。

表 2-5 比较运算符

运算符	描述	示例（假设 x=10,y=20）
>	左侧数据大于右侧数据返回 True，否则返回 False	x>y 结果：False
<	左侧数据小于右侧数据返回 True，否则返回 False	x<y 结果：True
>=	左侧数据大于或等于右侧数据返回 True，否则返回 False	x>=y 结果：False
<=	左侧数据小于或等于右侧数据返回 True，否则返回 False	x<=y 结果：True
==	左侧数据值等于右侧数据值返回 True，否则返回 False	x==y 结果：False
!=	左侧数据值不等于右侧数据值返回 True，否则返回 False	x!=y 结果：True
is	判断两侧所引用的对象是否相同，如果相同返回 True，否则返回 False	x is y 结果：False
is not	判断两侧所引用的对象是否不相同，如果不相同返回 True，否则返回 False	x is not y 结果：True

值得注意的是，"=="和"is"有区别。"=="判断数据的值是否相同，"is"判断是否是同一个对象。案例代码如下：

```
from datetime import date
x=date.today()
y=date.today()
print("x:",x,"y:",y)
print(x is y)
print(x==y)
```

上面代码中，x 和 y 都是今天的日期，其值是相同的，但不是一个对象，运行结果如下：

```
x: 2022-09-06 y: 2022-09-06
False
True
```

2.4.4 逻辑运算符

Python 中逻辑运算符包括 and（逻辑与）、or（逻辑或）和 not（逻辑非）。其中 and 和 or 是双目运算符，not 是单目运算符。逻辑运算符如表 2-6 所示。

表 2-6 逻辑运算符

运算符	描述	示例（设 x=True , y=False）
and	格式：x and y，结果：当 x 与 y 都是 True，则返回 True	x and y 结果：False
or	格式：x or y，结果：当 x 与 y 中有一个是 True，则返回 True	x or y 结果：True
not	格式：not x 结果：x 为 True，则返回 False，x 为 False，则返回 True	not x 结果：False not y 结果：True

2.4.5 成员运算符

成员运算符是用来识别一个元素是否包含在可迭代的序列（如字符串、列表、元组等）中，若包含在其中返回 True，若未包含在其中返回 False。Python 中成员运算符包括 in 和 not in。

- in：若元素包含在可迭代的序列中，返回 True，否则返回 False。
- not in：若元素不在可迭代的序列中，返回 True，否则返回 False。

使用 range(10)创建 0~9 的序列，再判断 2、4、'a'、'b'是否包含在其中，案例代码如下：

```
print('a'in range(10))
print(2 in range(10))
print(4 not in range(10))
print('b'not in range(10))
```

运行上面代码，结果如下：

```
False
True
False
True
```

2.4.6 位运算符

位运算是对二进制数据进行计算，操作数是整数。进行位运算时先将整数转换成二进制，再进行计算。Python 位运算符包括&、|、^、~、<<和>>。位运算符如表 2-7 所示。

表 2-7 位运算符

运算符	描述	示例（设 a=3，b=6）
&	格式：a&b，将 a 和 b 转换成二进制，按位与运算，若对应的位置值都为 1，结果是 1，否则结果是 0	a&b 结果：2
|	格式：a|b，将 a 和 b 转换成二进制，按位或运算，若对应的位置值都为 0，结果是 0，否则结果是 1	a|b 结果：7
^	格式：a^b，将 a 和 b 转换成二进制，按位异或运算，若对应的位置值不相同，结果是 1，否则结果是 0	a^b 结果：5
~	格式：~a，将 a 转换成二进制，按位取反运算，若对应的位置是 1，结果是 0，否则结果是 1	~a 结果：4
<<	格式：a<<n，将 a 转换成二进制，左移 n 位，左边溢出位丢弃，右边空位补 0	a<<3 结果：24
>>	格式：a>>n，将 a 转换成二进制，右移 n 位，右边溢出位丢弃，左边空位补 0	a>>1 结果：1

2.4.7 运算符优先级别

在一个表达式中，可以有多个运算符，优先级决定了在众多运算符中先执行哪一个。Python 运算符优先级按从高到低如表 2-8 所示。

表 2-8 运算符优先级

运算符	描述	运算符	描述
()	小括弧	&	按位与
[i]	索引运算符	|	按位或
.	属性访问	>、<、>=、<=、==、!=	比较运算符
**	幂	is、not is	比较运算符
~	按位取反	in、not in	成员运算符
+、-	正负号	not	逻辑非
*、/、//、%	乘、除、整除、取模	and	逻辑与
+、-	加、减	or	逻辑或
>>、<<	按位右移 按位左移	=	赋值运算符

运算符优先级案例代码如下：
```
a=10
b=20
c=15
d=19
print(a*(b+c)/d)
print(a>b and c<d)
print(a<<3-2)
print(a-b**2)
```
在上面的案例中：

表达式 a * (b + c) / d：首先计算 b+c，再计算 a* (b+c)，最后再除以 d；

表达式 a>b and c<d：首先计算 a>b，其次计算 c<d，再计算两个表达式的逻辑与；

表达式 a<<3-2：先计算 3-2，再计算 a 左移（3-2）位；

表达式 a-b**2：先计算 b 的平方，再计算其差值。

运行上面的代码，结果如下：

```
18.42105263157895
False
20
-390
```

2.5 [项目训练]圆的面积和周长

根据给定的圆的半径计算出圆的周长和面积。

（1）项目目标

- 掌握变量的定义和使用；
- 掌握运算符应用；
- 掌握输出语句。

（2）项目分析

若想求圆的面积和周长，需要知道半径和 PI 的取值。PI 使用固定值 3.14。用户输入半径，根据公式求圆的面积和周长。

- 求圆的面积的公式：PI*半径*半径。
- 求圆的周长的公式：PI*2*半径。

（3）项目代码

```
PI=3.14
radius=int(input("请输入圆的半径:"))
area=PI*radius*radius
circumstance=PI*2*radius
print(f"半径为{radius}的圆的面积为:{round(area,1)}")
print(f"半径为{radius}的圆的周长为:{round(circumstance,1)}")
```

（4）项目测试

当输入 10 时，运行结果如下：

```
请输入圆的半径：10
半径为10的圆的面积为：314.0
半径为10的圆的周长为：62.8
```

习　　题

一、选择题

1. 下列是合法的标识符的有（　　）。
   A. 123abc　　　　　　B. user_name　　　　　C. if　　　　　　　　D. a-b
2. 下列（　　）不是 Python 关键字。
   A. False　　　　　　　B. while　　　　　　　C. break　　　　　　　D. Else
3. print ("我的名字是 \"王娜\"! ")，此命令的运行结果是（　　）。
   A. 我的名字是"王娜"　　　　　　　　　　　B. 我的名字是\"王娜\"
   C. "我的名字是 \"王娜\"! "　　　　　　　　D. 语法错误
4. 下列说法错误的是（　　）。
   A. 10>5 结果为 True　　　　　　　　　　　B. 8<=3 结果为 False
   C. 20>10 or 4>5 结果为 False　　　　　　　D. 30==30 结果为 True
5. 下面程序的运行结果是（　　）。
```
a=5
b=10
c="20"
print(a+b+c)
```
   A. 35　　　　　　　　B. 51020　　　　　　　C. 2020　　　　　　　D. 运行错误

二、填空题

1. Python 使用_____作为单行注释的符号，使用_____或_____作为多行注释的符号。
2. 在 Python 语言中使用_____表示代码块，这是 Python 强制要求的。
3. Python 的数据类型中，数值类型有_____、_____、_____和_____。
4. 使用_____方法可以获取数据类型。
5. print(10 not in range(0,100))的运行结果是_____。

三、简答题

1. 简述 Python 语言中有哪些数据类型。
2. 简述 Python 语言中运算符的优先级别。

第 3 章 程序流程控制

Python 程序有三种基本控制结构,即顺序结构、选择结构和循环结构。顺序结构是最简单的程序结构,也是最常用的程序结构,是按照语句出现的先后次序,由上而下执行。选择结构是根据判断条件的结果控制程序的流程。循环结构是重复执行一条或多条语句。三种基本控制结构如图 3-1 所示。

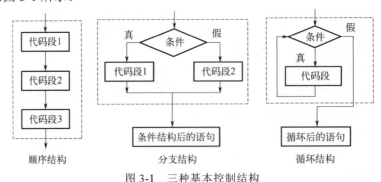

图 3-1　三种基本控制结构

本章涉及的主要知识点有:
- if 单分支结构及其应用;
- if-else 双分支结构及其应用;
- if-elif-else 多分支结构及其应用;
- while 循环结构及其应用;
- for 循环结构及其应用;
- break 语句和 continue 语句。

3.1　选择结构

在实际应用中,有时候需要根据判定条件确定是否执行任务,对于该情况,顺序结构是不够用的,我们可以使用选择结构。选择结构又称为分支结构,是按判断条件执行对应的分支。Python 分支结构有单分支结构、双分支结构和多分支结构。Python 中选择结构使用 if 语句实现,没有 switch 语句。

3.1.1　单分支结构

单分支结构只有一个分支,并且根据判定条件决定是否要执行分支。语法形式如下:
```
if 条件表达式:
    代码段
```

上面格式中：
① if 关键字和条件表达式之间有空格，条件表达式后使用冒号；
② 代码段需要缩进，与 if 产生关联；
③ 条件表达式可以为关系表达式、逻辑表达式、算术表达式等；
④ 代码段可以是一条语句也可以是多条语句。

if 语句中，如果条件表达式为真（True），则执行代码段；如果条件表达式为假（False），则跳出 if 语句，继续执行下一条语句，其流程如图 3-2 所示。

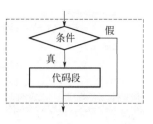

图 3-2 单分支结构

【案例 3-1】输入两个数 x 和 y，对两个数升序排序，输出排序结果。

程序代码如下：
```
x=int(input("请输入 x 的值:"))
y=int(input("请输入 y 的值:"))
print("x 和 y 的值分别为:",x,y)
if x>y:
    print("交换 x 和 y 的值")
    [x,y]=[y,x]
print("排序后的 x 和 y 的值为:",x,y)
```
运行程序，依次输入 20 和 10，结果如下：

```
请输入x的值：20
请输入y的值：10
x和y的值分别为： 20 10
交换x和y的值
排序后的x和y的值为： 10 20
```

如果重新执行，依次输入 10 和 20，则不会执行 if 语句，结果如下：

```
请输入x的值：10
请输入y的值：20
x和y的值分别为： 10 20
排序后的x和y的值为： 10 20
```

3.1.2 双分支结构

单分支结构只能处理满足判定条件的情况，但如果既有满足条件的情况，又有不满足条件的情况，则使用双分支结构处理。双分支结构语法形式如下：

```
if 条件表达式：
    代码段 1
else：
    代码段 2
```

当条件表达式为真（Ture），则执行代码段 1，否则执行代码段 2，其流程如图 3-3 所示。

值得注意的是 else 后面没有条件表达式，条件表达式只会出现在 if 后面。

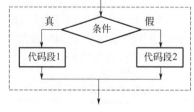

图 3-3 双分支结构

【案例 3-2】输入一个数 x，判断是整数还是负数。

程序代码如下：
```
x=int(input("请输入 x 的值:"))
```

```
if x>=0:
    print(f"{x}是正数")
else:
    print(f"{x}是负数")
```
运行程序，输入1，则结果如下：

```
请输入x的值：1
1是正数
```

重新运行程序，输入-7，结果如下：

```
请输入x的值：-7
-7是负数
```

当 x 的值为 1 时，if 语句判定条件为真，因此执行 if 后面的语句，打印"1 是正数"，当输入-7 时，条件为假，因此执行 else 后面的语句，打印"-7 是负数"。

else 语句不能单独出现，必须要和 if 语句配对，否则提示语法错误。输入 x 和 y，取最大值赋给 max，并输出打印，代码如下：

```
x=int(input("请输入 x 的值:"))
y=int(input("请输入 y 的值:"))
if x>y:
    max=x
print(max)
else:
    max=y
print(max)
```

执行上述代码会出现语法错误，错误提示如下：

```
File "E:\pythonbook\chap3\demo3.2.2.py", line 6
    else :
       ^
SyntaxError: invalid syntax
```

出现上述错误的原因是由于代码第 5 行没有缩进，并不属于 if 语句，因此 if 语句在第 4 行后便结束了，因此下面的 else 语句没有匹配的 if，导致出现错误信息。

3.1.3 多分支结构

在现实中经常有多个选择的情况，如年龄分段：0（初生）～6 岁为婴幼儿，7～12 岁为少儿，13～17 岁为青少年，18～45 岁为青年，46～69 岁为中年，69 岁及以上为老年。处理多个选择的情况，我们可以使用多分支结构，语法格式如下：

```
if 条件表达式 1:
    代码段 1
elif 条件表达式 2:
    代码段 2
...
elif 条件表达式 n-1:
    代码段 n-1
else:
    代码段 n
```

以上语法格式中以 if 开始，以 else 结束，中间由若干个 elif 组成。其中 if 和 elif 后有条件表达式,else 后没有条件。If、else 和 elif 控制的语句依然使用缩进形式关联。

在多分支结构中,if 后条件表达式 1 为真,则执行代码段 1;条件表达式 1 为假,则判断条件表达式 2,如果条件表达式 2 为真,则执行代码段 2,否则继续向下执行;如果所有条件表达式均为假,则执行 else 后的代码段 n。其流程如图 3-4 所示。

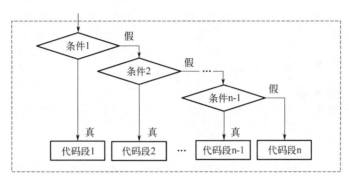

图 3-4 多分支结构

【案例 3-3】输入学生百分制成绩,将其转换成 5 级成绩,即优秀、良好、中等、及格和不及格。评定规则为:90~100 为优秀,80~89 分为良好,70~79 分为中等,60~69 分为及格,60 分以下为不及格。

程序代码如下:
```
score=int(input("请输入考试分数:"))
print("考试分数为:",score)
grade=""
if score<0 or score>100:
    print("考试分数必须在0~100 之间")
elif score>=90:
    grade="优秀"
elif score>=80:
    grade="良好"
elif score>=70:
    grade="中等"
elif score>=60:
    grade="及格"
else:
    grade="不及格"
if grade !="":
    print("成绩为:",grade)
```
执行代码,输入 90 分,运行结果如下:

```
请输入考试分数:90
考试分数为: 90
成绩为: 优秀
```

若输入 120,则运行结果如下:

```
请输入考试分数:120
考试分数为: 120
考试分数必须在0~100之间
```

上述案例中,共有 6 个分支,1 个 if 语句块,4 个 elif 语句块和 1 个 else 语句块。那么如果是 n 个分支的多分支结构,则有 1 个 if 语句块,n-2 个 elif 语句块和 1 个 else 语句块。

3.1.4　if 语句嵌套

If 语句中再包含一个或多个 if 语句称为 if 语句嵌套。语法格式如下:

```
if 条件表达式1：
    代码段
    if 条件表达式2：
        代码段1
    else：
        代码段2
else：
    if 条件表达式3：
        代码段3
    else：
        代码段4
...
```

上述语法格式中，代码段 1、else 语句均可省略，最简单的嵌套便是 if 语句里只包含 1 个 if 语句。也可以是在外层的 else 语句块中包含 if 语句。

执行 if 语句嵌套，条件表达式 1 为真的情况下，条件表达式 2 为真，则执行代码段 1，条件表达式 2 为假，则执行代码段 2；条件表达式 1 为假，则执行外层的 else 语句，这时候条件表达式 3 为真，则执行代码段 3，条件表达式 3 为假，则执行代码段 4。

【案例 3-4】计算购买商品总价格。购买商品时，会员购买 3 件及以上打八折，购买 3 件以下打九折，非会员购买 3 件及以上打九折，购买 3 件以下没有折扣。

程序代码如下:

```
isVip=input("会员输入1,非会员输入非1字符,请输入:")
price=float(input("请输入商品价格:"))
count=int(input("请输入购买数量:"))
discount=1
if isVip=='1':
    if count>=3:
        discount*=0.8
    else:
        discount*=0.9
else:
    if count>=3:
        discount*=0.9
total=price*discount*count
print(f"您购买了{count}件商品,商品单价为:{price},折扣为:{discount*100}%,总价为:{round(total,2)}")
```

会员购买商品，运行程序结果如下：

```
会员输入1,非会员输入非1字符,请输入:1
请输入商品价格:100
请输入购买数量:5
您购买了5件商品,商品单价为:100.0,折扣为:80.0%,总价为:400.0
```

非会员购买商品，运行程序结果如下：

```
会员输入1,非会员输入非1字符,请输入:0
请输入商品价格:100
请输入购买数量:2
您购买了2件商品,商品单价为:100.0,折扣为:100%,总价为:200.0
```

3.2 [项目训练]计算器软件设计

计算器软件是我们最常用的一种应用软件，不论在 PC 端还是手机端，均有计算器软件。本项目是设计一个简易的算术计算器，具有加减乘除功能。用户输入要计算的两个数据和计算类型，即可输出计算结果。

（1）项目目标

- 掌握 if else 语句的应用；
- 掌握 if elif 多分支结构的应用；
- 掌握 if 语句嵌套的应用。

（2）项目分析

① 所设计计算器有四个功能，分别是加、减、乘和除；
② 计算器计算的数字和符号均是由用户输入；
③ 若用户输入的不是数字，则系统自动提示错误信息，并结束程序；
④ 判断用户输入的符号是否是加减乘除中的一个符号，如果不是这四个符号，则提示错误信息，结束程序；
⑤ 用户输入不同运算符时，要完成相应的操作，如用户输入的是"+"，则完成两个数的相加。四种运算，需要四个分支，可以使用 if elif 结构；
⑥ 如果是计算"/"运算，首先要判断除数是否为 0，如果为 0，则提示错误信息；
⑦ 最后输出结果。

（3）项目代码

```
first=float(input("请输入第一个数:"))
second=float(input("请输入第二个数:"))
operator=input("请输入运算符:")
flag=True
if operator!='+'and operator!='-'and operator!='*'and operator!='/':
    print("输入的运算符错误!")
else:
    first=int(first)
    second=int(second)
    if operator=='+':
        result=first+second
    elif operator=='-':
        result=first-second
    elif operator=='*':
        result=first*second
    else:
        if second==0:
            flag=False
            result="除数不能为0!"
        else:
            result=first/second
    if flag:
        print(f"{first} {operator} {second} 的结果为:{round(result,2)}")
    else:
        print(result)
```

（4）代码测试

代码测试时，要对项目的各种功能进行测试，保证所有的功能都是正确的。

① 加法运算结果如下：

```
请输入第一个数：10
请输入第二个数：2
请输入运算符：+
10 + 2 的结果为：12
```

② 减法运算结果如下：

```
请输入第一个数：10
请输入第二个数：2
请输入运算符：-
10 - 2 的结果为：8
```

③ 乘法运算结果如下：

```
请输入第一个数：10
请输入第二个数：2
请输入运算符：*
10 * 2 的结果为：20
```

④ 除法运算结果如下：

```
请输入第一个数：10
请输入第二个数：2
请输入运算符：/
10 / 2 的结果为：5.0
```

```
请输入第一个数：10
请输入第二个数：0
请输入运算符：/
除数不能为0！
```

⑤ 输入非数字时，运行结果如下：

```
请输入第一个数：abc
Traceback (most recent call last):
  File "E:\pythonbook\chap3\project1_computer.py", line 1, in <module>
    first = float(input("请输入第一个数："))
ValueError: could not convert string to float: 'abc'
```

⑥ 输入非法运算符，运行结果如下：

```
请输入第一个数：10
请输入第二个数：2
请输入运算符：&
输入的运算符错误！
```

3.3 循环结构

按之前的知识，输出 10 次"Hello World"，要编写 10 次 print 语句，那如果要输出 100 次、1000 次呢？为了减少代码的重复率，使代码简洁，可以使用循环结构处理重复执行的操作。Python

提供了 while 语句和 for 语句实现循环结构。需要注意的是 Python 中没有 do while 语句。

3.3.1 while 循环

while 语句是先判断后执行的循环结构。只要满足条件便进入循环体，重复执行，当条件不满足时，跳出循环。while 语句语法格式如下：

while 循环条件：
  代码段

while 循环执行步骤如下：

① 判断循环条件；

② 如果循环条件为真，执行第 3 步，如果循环条件为假，执行第 4 步；

③ 执行代码段，转到第 1 步骤；

④ 退出循环结构。

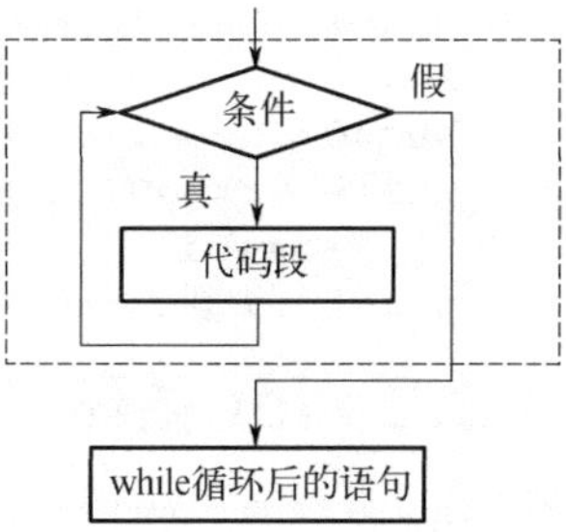

图 3-5　while 循环结构

从上述步骤可以看出，步骤①至③为重复执行部分，直到循环条件为假跳出循环结构，流程如图 3-5 所示。

【案例 3-5】求 1~100 的和。

程序代码如下：

```
i=1
sum=0
while i<=100:
    sum+=i
    i+=1
print("1 到 100 的和为:",sum)
```

在上面代码中：i 是循环变量，初始值为 1；循环条件是 i<=100；每次执行完循环体后，循环变量加 1。因此循环结构会循环 100 次。执行步骤如下：

① i=1，循环条件成立，执行 sum=sum + 1 ，同时 i 变成 2；

② i=2，循环条件成立，执行 sum=sum + 2 ，同时 i 变成 3；

……

⑩⓪ i=100，循环条件成立，执行 sum=sum + 100，同时 i 变成 100；

⑩① i=101，循环条件不成立，跳出循环。

程序运行结果如下：

```
1到100的和为： 5050
```

【案例 3-6】求 1-1/2+1/3-1/4+ … -1/50 的结果。

程序代码如下：

```
i=1
sum=0
sign=1
while i<=50:
    sum+=sign/i
    i+=1
    sign*=-1
print(f"1-1/2+1/3-1/4+…-1/50 的结果为:{round(sum,2)}")
```

程序运行结果如下：

```
1-1/2+1/3-1/4+ … -1/50的结果为: 0.68
```

多数情况下，重复执行的操作不是完全相同，因此要分析出重复操作的规律，以便使用循环结构处理。

分析下面代码，在 while 循环中，i 的值没有发生变化，其值一直是 1，循环条件 i<=100 永久成立，因此循环便不会结束了，一般称这种情况为"死循环"，即条件永远为真，循环永远不会自动结束。在程序开发时，要避免循环结构进入"死循环"的情况。

```
i=1
sum=0
while i<=100:
    sum+=i
print("1 到 100 的和为:",sum)
```

3.3.2 for 循环

for 循环是最常用的循环结构之一，经常应用于字符串遍历、集合遍历中。语法格式为：

for 变量 in 对象：
  代码段

上述语法格式中，有 for 和 in 两个关键字，循环结构依次把对象中的每个元素代入变量，之后执行代码段。for 后面的变量是临时变量，依次保存对象集合中的元素；in 后的对象是可迭代的对象；对象中元素个数便是循环次数，当集合中所有元素完成迭代后，循环结束，进入到 for 循环下面的语句。

【案例 3-7】使用 for 循环求 1～100 的和。

程序代码如下：

```
sum=0
for i in range(101):
    sum+=i
print("1~100 的和为:",sum)
```

程序运行结果如下：

```
1~100的和为： 5050
```

上述代码中 range(101)会生成 1～100 的序列，i 依次访问序列中的元素，并将 i 添加到 sum 值，完成 1～100 的求和操作。

range 是一个可迭代对象，通过 range(start,stop,stp)可以生成从 start 开始到 stop-1 的数值系列，其中 step 表示增长步长。可以通过 list()查看 range 对象的元素，例如：

```
print(list(range(1,11,1)))
print(list(range(10,20)))
print(list(range(1,11,2)))
print(list(range(10,1,-1)))
```

运行结果如下：

```
[1, 2, 3, 4, 5, 6, 7, 8, 9, 10]
[10, 11, 12, 13, 14, 15, 16, 17, 18, 19]
[1, 3, 5, 7, 9]
[10, 9, 8, 7, 6, 5, 4, 3, 2]
```

【案例 3-8】输出 1900 年至 2022 年中的闰年。

闰年是为了弥补因人为历法规定而造成的年度周期与地球实际公转周期的时间差而设立的。闰年分为普通闰年和世纪闰年。普通闰年的公历年份是 4 的倍数，且不是 100 的倍数，如 2012 年、2016 年等；世纪闰年的公历年份是整百数的，必须是 400 的倍数，如 1900 年不是闰年，2000 年是闰年。

程序代码如下：
```python
print("1900~2022年之间的闰年有:")
count=0
for year in range(1900,2023):
    if(year%4==0 and year%100 !=0) or(year%400==0):
        print(year,end='\t')
        count+=1
        if count%10==0:
            print()
```

程序运行结果如下：
```
1900~2022年之间的闰年有:
1904    1908    1912    1916    1920    1924    1928    1932    1936    1940
1944    1948    1952    1956    1960    1964    1968    1972    1976    1980
1984    1988    1992    1996    2000    2004    2008    2012    2016    2020
```

上述代码中，通过 for 循环遍历 1990 年至 2022 年，通过 if 语句判断每一年是否是闰年。其中，count 是计数器，每输出 10 个年份换行。

3.3.3 循环嵌套

在一个循环语句中包含另一个循环语句，称为循环嵌套。在内层循环语句中还可以包含其他循环语句构成多层循环嵌套。循环嵌套中，既可以是 for 循环嵌套 for 循环，while 循环嵌套 while 循环，也可以是 for 循环嵌套 while 循环，while 循环嵌套 for 循环。循环嵌套格式如下：

```
for 变量1 in 对象1/while 条件1:
    代码段1
    for 变量2 in 对象2/while 条件2:
        代码段2
    代码段3
```

假设外部循环结构循环 n 次，内部循环结构循环 m 次，执行循环嵌套时，外层循环执行 1 次时，内层循环便执行 m 次。因此内层循环体执行次数为 m*n。对于多层循环来说，最内层循环体循环次数为每一层循环次数的乘积。

【案例 3-9】使用 for 循环嵌套打印输出九九乘法表。

程序代码如下：
```python
for row in range(1,10):
    for col in range(1,row+1):
        print(f"{row}*{col}={row*col}",end="\t")
    print()
```

运行代码结果如下：
```
1*1=1
2*1=2   2*2=4
3*1=3   3*2=6   3*3=9
4*1=4   4*2=8   4*3=12  4*4=16
5*1=5   5*2=10  5*3=15  5*4=20  5*5=25
6*1=6   6*2=12  6*3=18  6*4=24  6*5=30  6*6=36
7*1=7   7*2=14  7*3=21  7*4=28  7*5=35  7*6=42  7*7=49
8*1=8   8*2=16  8*3=24  8*4=32  8*5=40  8*6=48  8*7=56  8*8=64
9*1=9   9*2=18  9*3=27  9*4=36  9*5=45  9*6=54  9*7=63  9*8=72  9*9=81
```

上述代码中，row 的值为 6 时，执行内层循环：

col 的值为 1，输出 6*1=6

col 的值为 2，输出 6*2=12

……

col 的值为 6，输出 6*6=36

内层循环结束，执行换行语句，之后继续执行外层循环，row 的值变成 7。

【案例 3-10】使用 while 循环嵌套，输出由"*"组成的正三角形，三角形行数为 6。

程序代码如下：

```
row=1
while row<=6:
    col=1
    while col<=row:
        print("*",end="")
        col+=1
    print()
    row+=1
```

程序运行结果如下：

```
*
**
***
****
*****
******
```

3.3.4　break 语句

在使用循环结构时，有时需要在特定情况下强行终止循环，而不是等到循环条件为假时才退出循环。这时可以使用 break 语句来完成退出循环的功能。break 语句是中断语句，应用于 for 和 while 循环，结束当前循环，跳出循环体，执行循环语句下面的代码。break 语句会结合 if 语句应用，一般不会单独出现。

【案例 3-11】密码验证：用户有 3 次输入密码的机会，如果 3 次密码输入都错误，则无法继续输入。

程序代码如下：

```
pwd='000000'
count=1
while count<=3:
    user_pwd=input("请输入密码:")
    if user_pwd==pwd:
        print("密码输入正确!")
        break
    else:
        print("密码输入错误,请重新输入!")
    count+=1
if count>3:
    print("您已经输入 3 次密码,不能再继续尝试!")
```

输入正确密码时，程序运行结果如下：

```
请输入密码: 000000
密码输入正确!
```

输入 3 次密码全部不正确时,程序运行结果如下:

```
请输入密码：888888
密码输入错误,请重新输入!
请输入密码：123456
密码输入错误,请重新输入!
请输入密码：666666
密码输入错误,请重新输入!
您已经输入3次密码,不能再继续尝试!
```

上述代码中,如果用户输入正确密码,则执行 break 语句会跳出循环,不再继续执行循环语句。

需要注意的是,如果循环嵌套的内层循环中使用 break 语句,则中断内层循环语句,不会影响外层循环语句。

3.3.5 continue 语句

break 语句的作用是结束循环,跳出循环,而 continue 语句的作用是结束本次循环,继续下一次的循环。在循环结构中,如果执行了 continue 语句,则提前结束本次循环,continue 语句后面的代码段将不会被执行,开始下次的循环。一般情况下,continue 语句也要结合 if 语句应用。

【例 3-12】请输入学生成绩,并计算出平均分,以 "q" 或 "Q" 作为结束标志,计算正确成绩的平均值。

程序代码如下:

```
count=0
sum=0
while True:
    score=input("请输入学生成绩:")
    if score=='q' or score=='Q':
        break
    score=int(score)
    if score<0 or score>100:
        print("成绩必须在 0~100 之间!")
        continue
    count+=1
    sum+=score
avg=sum/count
print(f"共输入了{count}位同学成绩,平均成绩为:{avg}")
```

程序运行结果如下:

```
请输入学生成绩：90
请输入学生成绩：-90
成绩必须在0~100之间!
请输入学生成绩：100
请输入学生成绩：80
请输入学生成绩：q
共输入了3位同学成绩,平均成绩为：90
```

程序运行中,用户输入了 4 个成绩,但是结果却是 3 个成绩的平均值。这是因为当用户输入 -90 时,会执行 continue 语句,continue 语句下的两条语句不会被执行,而是继续执行下一次循环。

3.4 [项目训练]贷款计算器

目前,市场上提供了各种个人贷款,包含住房贷款、汽车消费贷款等。本项目设计一贷款计算器,在等额本金和等额本息两种模式下,计算月供、月利息、月本金、总还款额以及总利息。

(1) 项目目标

- 熟练应用 if-else 语句
- 熟练应用 for 循环语句

(2) 项目分析

根据贷款期限将贷款划分为短期贷款、中期贷款和长期贷款。其贷款期限及利率如表 3-1 所示。

表 3-1 贷款期限及利率

贷款类型	贷款期限/月	利率
短期贷款	1~12	4.35%
中期贷款	13~60	4.75%
长期贷款	61~360	4.9%

银行贷款的还款方式有等额本息还款和等额本金还款。等额本金还款方式是将本金分摊到每个月,具有本金保持相同、利息逐月递减、月还款额递减的特点;等额本息还款方式是每月还款的本金逐月增加,还款的利息越来越少,具有每月还款金额相同、总利息较高特点。

等额本息还款模式下月供、月利息和月本金计算公式为:

月供=贷款金额×月利率×$(1+月利率)^{还款月数}$÷$\{[(1+月利率)^{还款月数}]-1\}$

月利息=剩余本金×月利率

月本金=月供-月利息

其中,月利率是指以月为计息周期的利率,月利率=利率÷12。

等额本金还款模式下月供、月利息和月本金计算公式为:

$$月供=(本金/还款月数)+(本金-已还本金)×月利率$$

$$月本金=本金/还款月数$$

$$月利息=月供-月本金$$

(3) 项目代码

① 用户输入贷款金额、贷款期限以及贷款方式。

```
principal=int(input("请输入贷款金额:"))
term=int(input("请输入贷款期限,以月为单位,1~360 月:"))
mode=input("请输入贷款方式,等额本息还款请输入 1,等额本金还款请输入非 1:")
```

② 根据贷款期限,计算月利率。

```
if term<12:
    rate=0.0435/12
elif term<60:
    rate=0.0475/12
else:
    rate=0.049/12
```

③ 计算月供总额、月供本金、月供利息和剩余金额。
```
all_pay=0
all_interest=0
principal_balance=principal
for month in range(1,term+1):
    if mode=="1":
        month_pay=(principal*rate*pow(1+rate,term))/(pow(1+rate,term)-1)
        month_interest=principal_balance*rate
        month_principal=month_pay-month_interest
    else:
        month_principal=principal/term
        month_pay=month_principal+(principal-month_principal*(month-1))*rate
        month_interest=month_pay-month_principal
    principal_balance=principal_balance-month_principal
    all_pay+=month_pay
    all_interest+=month_interest
    print(f"第{month}月,月供:{round(month_pay,2)},月供本金:{round(month_principal,2)},月供利息:{round(month_interest,2)},剩余金额:{round(principal_balance,2)} ")
```
④ 显示总还款和总利息。
```
print(f"本金:{principal},总还款:{round(all_pay,2)},总利息:{round(all_interest,2)}")
```

（4）项目测试

① 本金为1000000，期数6个月，等额本息还款，执行结果如下：

```
请输入贷款金额:1000000
请输入贷款期限,以月为单位,1~360月:6
请输入贷款方式,等额本息还款请输入1,等额本金还款请输入非1:1
第1月,月供:168787.63,月供本金:165162.63,月供利息:3625.00,剩余金额:834837.37
第2月,月供:168787.63,月供本金:165761.34,月供利息:3026.29,剩余金额:669076.03
第3月,月供:168787.63,月供本金:166362.23,月供利息:2425.40,剩余金额:502713.81
第4月,月供:168787.63,月供本金:166965.29,月供利息:1822.34,剩余金额:335748.52
第5月,月供:168787.63,月供本金:167570.54,月供利息:1217.09,剩余金额:168177.98
第6月,月供:168787.63,月供本金:168177.98,月供利息:609.65,剩余金额:-0.00
本金:1000000,总还款:1012725.76,总利息:12725.76
```

② 本金为1000000，期数6个月，等额本金还款，执行结果如下：

```
请输入贷款金额:1000000
请输入贷款期限,以月为单位,1~360月:6
请输入贷款方式,等额本息还款请输入1,等额本金还款请输入非1:2
第1月,月供:170291.67,月供本金:166666.67,月供利息:3625.00,剩余金额:833333.33
第2月,月供:169687.50,月供本金:166666.67,月供利息:3020.83,剩余金额:666666.67
第3月,月供:169083.33,月供本金:166666.67,月供利息:2416.67,剩余金额:500000.00
第4月,月供:168479.17,月供本金:166666.67,月供利息:1812.50,剩余金额:333333.33
第5月,月供:167875.00,月供本金:166666.67,月供利息:1208.33,剩余金额:166666.67
第6月,月供:167270.83,月供本金:166666.67,月供利息:604.17,剩余金额:0.00
本金:1000000,总还款:1012687.50,总利息:12687.50
```

③ 本金为 1000000，期数 13 个月，等额本息还款，执行结果如下：

```
请输入贷款金额：1000000
请输入贷款期限,以月为单位,1~360月：13
请输入贷款方式,等额本息还款请输入1,等额本金还款请输入非1：1
第1月，月供：79071.33,月供本金：75112.99,月供利息：3958.33,剩余金额：924887.01
第2月，月供：79071.33,月供本金：75410.32,月供利息：3661.01,剩余金额：849476.69
第3月，月供：79071.33,月供本金：75708.81,月供利息：3362.51,剩余金额：773767.88
第4月，月供：79071.33,月供本金：76008.50,月供利息：3062.83,剩余金额：697759.38
第5月，月供：79071.33,月供本金：76309.36,月供利息：2761.96,剩余金额：621450.02
第6月，月供：79071.33,月供本金：76611.42,月供利息：2459.91,剩余金额：544838.60
第7月，月供：79071.33,月供本金：76914.67,月供利息：2156.65,剩余金额：467923.92
第8月，月供：79071.33,月供本金：77219.13,月供利息：1852.20,剩余金额：390704.80
第9月，月供：79071.33,月供本金：77524.79,月供利息：1546.54,剩余金额：313180.01
第10月，月供：79071.33,月供本金：77831.66,月供利息：1239.67,剩余金额：235348.35
第11月，月供：79071.33,月供本金：78139.74,月供利息：931.59,剩余金额：157208.61
第12月，月供：79071.33,月供本金：78449.04,月供利息：622.28,剩余金额：78759.57
第13月，月供：79071.33,月供本金：78759.57,月供利息：311.76,剩余金额：-0.00
本金：1000000, 总还款：1027927.25,总利息：27927.25
```

④ 本金为 1000000，期数 13 个月，等额本金还款，执行结果如下：

```
请输入贷款金额：1000000
请输入贷款期限,以月为单位,1~360月：13
请输入贷款方式,等额本息还款请输入1,等额本金还款请输入非1：2
第1月，月供：80881.41,月供本金：76923.08,月供利息：3958.33,剩余金额：923076.92
第2月，月供：80576.92,月供本金：76923.08,月供利息：3653.85,剩余金额：846153.85
第3月，月供：80272.44,月供本金：76923.08,月供利息：3349.36,剩余金额：769230.77
第4月，月供：79967.95,月供本金：76923.08,月供利息：3044.87,剩余金额：692307.69
第5月，月供：79663.46,月供本金：76923.08,月供利息：2740.38,剩余金额：615384.62
第6月，月供：79358.97,月供本金：76923.08,月供利息：2435.90,剩余金额：538461.54
第7月，月供：79054.49,月供本金：76923.08,月供利息：2131.41,剩余金额：461538.46
第8月，月供：78750.00,月供本金：76923.08,月供利息：1826.92,剩余金额：384615.38
第9月，月供：78445.51,月供本金：76923.08,月供利息：1522.44,剩余金额：307692.31
第10月，月供：78141.03,月供本金：76923.08,月供利息：1217.95,剩余金额：230769.23
第11月，月供：77836.54,月供本金：76923.08,月供利息：913.46,剩余金额：153846.15
第12月，月供：77532.05,月供本金：76923.08,月供利息：608.97,剩余金额：76923.08
第13月，月供：77227.56,月供本金：76923.08,月供利息：304.49,剩余金额：0.00
本金：1000000, 总还款：1027708.33,总利息：27708.33
```

习　　题

一、选择题

1. 运行下列程序，从键盘分别输入 10 和 20，运行结果是（　　）。
```
x=int(input("请输入 x 的值:"))
y=int(input("请输入 y 的值:"))
```

```
if x>y:
    min=y
else:
    min=x
print(min)
```
A. 10　　　　　B. 20　　　　　C. 没有输出　　　D. 运行错误

2. 下面程序运行结果是（　　）。
```
i=1
s=0
while(i<=50):
    s=s+i
    i+=2
print(s)
```
A. 1～50 的和　　　　　　　B. 1～50 中奇数的和
C. 1～50 中偶数的和　　　　D. 50

3. 下面程序运行的结果是（　　）。
```
for i in range(1,5):
    print("hello")
```
A. 输出"hello"　　　　　　　B. 输出 5 次"hello"
C. 输出 4 次"hello"　　　　　D. 没有输出

4. 关于 break 语句，下列说法错误的是（　　）。
A. break 语句应用于 for 和 while 循环语句
B. break 语句的作用是结束循环
C. break 语句的作用是结束本次循环，开始下一次循环
D. break 语句一般搭配 if 语句使用

5. 下面程序运行的结果是（　　）。
```
s=0
for i in range(0,5):
    if i%4==0:
        continue
    s+=i
print(s)
```
A. 6　　　　　B. 10　　　　　C. 15　　　　　D. 0

二、填空题

1. Python 程序有三种基本控制结构，分别是_____、_____和_____。

2. while 语句是先_____后_____的循环结构。只要满足条件便进入循环体，重复执行，当条件不满足时，跳出循环。

3. 下面程序的运行结果是_____。
```
for i in range(0,10):
    for j in range(0,10):
        print("python")
```

4. break 语句是_____语句，应用于 for 和 while 循环，_____当前循环。

5. _____语句的作用是结束本次循环，开始下一次循环。

三、编程题

1. 编写程序,获取 1~100 之间的所有的质数。
2. 编写程序,输出以下效果图:

```
   *
  ***
 *****
*******
********
*******
 *****
  ***
   *
```

第 4 章 序　列

序列是 Python 最基本的数据结构，它是在一块连续的内存空间存放多个值，可以通过值的位置编号访问它们，位置编号即为索引。在 Python 中，常用的序列包括字符串、列表和元组。

序列中每个元素都有索引值，通过索引访问相应元素。从起始元素开始，索引值从 0 开始递增；从最后一个元素开始计数，索引值从-1 开始递减。序列索引如图 4-1 所示。

图 4-1　序列索引

本章涉及的主要知识点有：
- 字符串的定义；
- 字符串的格式化；
- 字符串常用操作；
- 创建列表；
- 列表的常用操作；
- 创建元组；
- 元组的常用操作。

4.1　字符串

在 Python 中没有字符数据类型，不论是单个字符还是多个字符均用字符串表示。Python 提供了很多字符串操作的内置方法，如字符串分割、字符串连接、字符串查找等。

4.1.1　字符串格式化

字符串格式化是指通过特殊的方式，将字符串转换成规定的格式。Python 中字符串格式化有 3 种方法：占位符（%）格式化方式、format 格式化方式以及 f-string 格式化方式。

（1）占位符%格式化方式

占位符%格式化字符串方式在 Python 诞生之初就存在了，其格式为
格式字符串% 值
格式字符串 %(值 1,值 2,…,值 n)

上述格式中的格式字符串是由固定字符串和占位符混合组成的。举例如下：
```
snum="10001"
sname="赵霞"
score=89
print("学号:%s,姓名:%s,成绩为:%d" %(snum,sname,score))
```
运行上述代码，结果如下：

```
学号：10001，姓名：赵霞，成绩为：89
```

上述代码 print 语句中，格式字符串"学号：%s，姓名：%s，成绩为：%d"中有 3 个占位符，%s 表示字符串占位符，%d 表示整数占位符。在占位符位置会输出后面对应的值，即第一个%s 位置输出 snum 的值，第二个%s 位置输出 sname 的值，%d 的位置输出 score 的值。常见的占位符如表 4-1 所示。

表 4-1　常见的占位符

占位符	说明	占位符	说明
%d	整数占位符	%c	字符及其 ASCII 码占位符
%o	八进制占位符	%s	字符串占位符
%x	十六进制占位符	%f	实数占位符，可指定小数点后的精度
%u	无符号整数占位符		

实数占位符默认情况下保留 6 位小数，可用%.nf 设置小数位数，其中 n 代表保留的小数位数。下列代码中设置了小数位数。
```
price=56.93
discount=0.9
print("商品价格:%f,折扣为:%f,商品折后价格为:%f"%(price,discount,price*discount))
print("商品价格:%.2f,折扣为:%.2f,商品折后价格为:%.2f"%(price,discount,price*discount))
```
运行上述代码，结果如下：

```
商品价格：56.930000，折扣为：0.900000，商品折后价格为：51.237000
商品价格：56.93，折扣为：0.90，商品折后价格为：51.24
```

（2）format 格式化方式

format 格式化方式是字符串类型的内置格式化方式，在性能和灵活性上比占位符格式化方式更胜一筹。

① 使用索引号。使用索引号，格式如下：

str.format(值1,值2,… ,值n)

上述格式中，str 是要格式化的字符串，可以由固定字符串和{}组成。若使用空的{}，则按顺序将后面的值替换到对应的{}位置，若使用{n}，则{n}替换成索引号为 n 的值，索引号是从 0 开始。下面代码使用了 format 格式化方式。
```
job="Java 开发工程师"
address="北京"
salary="15000"
print("职位:{},工作地址:{},薪资:{}".format(job,address,salary))
print("职位:{0},工作地址:{1},薪资:{2}".format(job,address,salary))
print("工作地址:{1},职位:{0},薪资:{2}".format(job,address,salary))
```

在上述代码中，第一个 print 语句是按顺序输出 job、address 和 salary；第二个和第三个 print 语句中设置了占位符对应的值的序号，{0}替换为索引号为 0 的值，即 job，{1}替换为索引号为 1 的值，即 address，{2}替换为索引号为 2 的值，即 salary。运行结果如下：

```
职位：Java开发工程师，工作地址：北京，薪资：15000
职位：Java开发工程师，工作地址：北京，薪资：15000
工作地址：北京，职位：Java开发工程师，薪资：15000
```

② 使用关键字。format 格式化方式中，使用关键字方式可打破位置带来的限制，在{}中指定关键字，并将替换值和关键字绑定在一起，格式如下：

```
str.format(key1=value1,key2=value2,…)
```

程序代码如下：

```
job="Java 开发工程师"
address="北京"
salary="15000"
print("职位:{j}\n 工作地址:{a}\n 薪资:{s}".format(s=salary,a=address,j=job))
```

运行上述代码，结果如下：

```
职位：Java开发工程师
工作地址：北京
薪资：15000
```

（3）f-string 格式化方式

format 格式化方式比%格式化方式方便了一些，但当需要传入多个字符串时，会显得非常冗长，因此在 Python3.6 中引入了更为简洁的 f-string 格式化方式。f-string 格式化方式中字符串以 f 或 F 开头，核心是字符串中的{}符号。f-string 格式化方式的格式为：

```
f("{变量}") 或 F("{变量}")
f("{表达式}") 或 F("{表达式}")
```

使用 f-string 格式化字符串的代码如下：

```
name="王倩"
gender="女"
age=20
sql=98
python=89
java=80
print(f"姓名:{name}\n 性别:{gender}\n 年龄:{age}")
print(F"平均成绩为:{(sql+python+java)/3}")
```

运行上述代码，结果如下：

```
姓名：王倩
性别：女
年龄：20
平均成绩为：89.0
```

4.1.2 字符串常用操作

（1）连接字符串

多个字符串可以使用"+"连接。字符串连接代码如下：

```
name="王强"
age="28"
gender="男"
result="我叫"+name+",我今年"+age+"岁,性别是"+gender
print(result)
```
执行上述代码结果如下:

```
我叫王强,我今年28岁,性别是男
```

需要注意的是,不允许其他类型和字符串通过"+"连接。例如将上述代码中 age 转换为整型,则会报如下错误:

```
Traceback (most recent call last):
  File "E:\pythonbook\chap4\demo00.py", line 4, in <module>
    result = "我叫"+name+",我今年"+age+"岁,性别是"+gender
TypeError: can only concatenate str (not "int") to str
```

若要将字符串和其他类型数据连接在一起,则先将其他类型数据转换为字符串类型后再连接。

(2) 获取字符串长度

在 Python 中,使用 **len(string)** 方法获取字符串长度,程序代码如下:

```
str1="Hello World!"
str2="您好!"
print(len(str1))
print(len(str2))
```
运行上述代码,结果如下:

```
12
3
```

在默认情况下,英文字符、汉字长度为 1 个字符,但在不同编码格式下,长度是有变化的。

(3) 去空格

Python 有三种去空格的函数,分别是:

str.strip([chars]):去除 str 左右侧 chars;
str.lstrip([chars]):去除 str 左侧 chars;
str.rstrip([chars]):去除 str 右侧 chars;

上述方法中,chars 为空则去除空格,否则去除 chars。程序代码如下:

```
str1="Hello World!"
str2="#Hello Word!#"
print(str1.strip())
print(str1.lstrip())
print(str1.rstrip())
print(str2.strip("#"))
```
运行上述代码,结果如下:

```
Hello World!
Hello World!
   Hello World!
Hello Word!
```

(4) 查找字符串

① find 方法。若在一个字符串中检索另一字符串，可以使用 find 方法，格式如下：

str.find(sub[,start,end])

使用 find 方法在 str 中检索 sub，若检索到则返回首次出现的位置，否则返回-1。第二个参数和第三个参数是可选项，start 代表检索起始位置，end 代表检索结束位置。案例代码如下：

students="王强,李娜,肖丽,孔力刚"
print(students.find("李娜"))
print(students.find("李娜",5))
print(students.find("李娜",0,4))
print(students.find("包茹"))

执行上述代码，结果如下：

```
3
-1
3
-1
3
```

② index 方法。通过 index 方法可以获取子串在字符串中的位置，若字符串中不存在子串则抛出异常，格式如下：

str.index(sub[,start,end])

index 方法和 find 方法类似，区别在于若未找到子串，find 方法返回-1，index 方法抛出异常。案例代码如下：

students="王强,李娜,肖丽,孔力刚"
print(students.index("李娜"))
print(students.index("包茹"))

执行上述代码，结果如下：

```
3
Traceback (most recent call last):
  File "E:\pythonbook\chap4\demo00.py", line 29, in <module>
    print(students.index("包茹"))
ValueError: substring not found
```

③ count 方法。count 方法用来检索指定字符串在另一个字符串中出现的次数，如果一次没出现返回 0。格式如下：

str.count(sub[,start,end])

案例代码如下：

txt="Hello world!"
print("l 出现的次数是:%d"%txt.count("l"))
print("a 出现的次数是:%d"%txt.count("a"))

执行上述代码，结果如下：

```
l出现的次数是：3
a出现的次数是：0
```

（5）转换大小写字母

使用 lower()方法将所有大写字母转换成小写字母，使用 upper()方法将所有小写字母转换成大写字母。格式如下：

str.lower()
str.upper()

案例代码如下：

```
txt="Hello world!"
print("转换成大写字母:"+txt.upper())
print("转换成小写字母:"+txt.lower())
```

运行上述代码，结果如下：

```
转换成大写字母：HELLO WORLD!
转换成小写字母：hello world!
```

（6）字符串分割、组合

① split 方法。使用 split 方法可以将字符串分割成列表，格式如下：

str.split([sep,maxsplit])

上面格式中，sep 是分隔符，可以包含多个字符，默认为 None，即所有空字符（包括空格、制表位、换行等）。maxsplit 是分割次数，若不指定或指定为-1 则不限制分割次数；分割成列表后，其长度最大为 maxsplit+1。案例如下：

```
scores1="90 89 70 67 50 40"
scores2="90,89,70,67,50,40"
print(scores1.split())
print(scores2.split(","))
print(scores2.split(",",3))
```

执行上述代码，结果如下：

```
['90', '89', '70', '67', '50', '40']
['90', '89', '70', '67', '50', '40']
['90', '89', '70', '67,50,40']
```

② join 方法。使用 join 方法，可以将列表成员连接成一个字符串，格式如下：

str.join(seq)

案例如下：

```
print(''.join(['a','b','c','d']))
print('-'.join(['a','b','c','d']))
```

执行上述代码，结果如下：

```
abcd
a-b-c-d
```

（7）字符串切片

格式如下：

str[start:end:step]

其中 start 表示要截取的第一个字符的索引，若省略，则默认为 0；end 表示要截取的最后一个字符的下一个字符索引，若省略，则默认至最后一个元素；step 表示切片的步长，若

省略则默认步长为 1。案例代码如下:

```
txt="Hello world!"
print(txt[2:8])
print(txt[2:8:2])
print(txt[:8])
print(txt[3:])
print(txt[3:-1])
```

运行上述代码,结果如下:

```
llo wo
low
Hello wo
lo world!
lo world
```

需要注意的是:索引是从 0 开始,若为负数,-1 表示最后一个元素,-2 是右侧第二个元素,依次向前。

4.2 [项目训练]身份证获取生日和性别

每个人都有唯一的身份证号。第二代身份证号均为 18 位。18 位身份证号里包含着出生地编号、出生年月日、出生顺序以及性别。本项目是根据给定的 18 位身份证号获取相关出生年月日和性别信息。

(1) 项目目标

- 熟练掌握字符串操作。

(2) 项目分析

该项目是对 18 位身份证号码进行分析,前提是正确输入身份证号码。18 位身份证号码各位数字含义如表 4-2 所示。

表 4-2　18 位身份证号码各位数字含义

位数	含义	位数	含义
1~6 位	出生地编号	15~16 位	出生顺序编号
7~10 位	出生年份	17 位	性别(奇数为男生,偶数为女生)
11~12 位	出生月份	18 位	校验码
13~14 位	出生日期		

只要获取身份证 7~14 位即可获取出生年月日,获取 17 位便能获取性别信息。

(3) 项目代码

```
iDNumber=input("请输入 18 位身份证号:")
if len(iDNumber) !=18:
    print("身份证号码错误!")
else:
    year=iDNumber[6:10]
```

```
month=iDNumber[10:12]
day=iDNumber[12:14]
gender=iDNumber[16]
if int(gender)%2==0:
    gender="女"
else:
    gender="男"
print("生日为:",year,"年",month,"月",day,"日")
print("性别为:",gender)
```

(4）项目测试

用户可尝试输入身份证号码，观察运行结果。

4.3 列表

列表是 Python 常用类型之一。列表是一个序列，可包含不同类型的元素，且元素是可以重复的。

4.3.1 创建列表

Python 中使用[]创建列表，格式如下：

[元素 1,元素 2,… ,元素 n]

在[]中可有多个元素，每个元素之间使用逗号分隔。如果[]中没有元素，则创建一个空列表。案例代码如下：

```
list_1=[10,20,4,19,20]
list_2=["h","e","l","l","o"]
list_3=['a',1,True,9.7,list_1]
list_4=[]
print("list_1:",list_1)
print("list_2:",list_2)
print("list_3:",list_3)
print("list_4:",list_4)
```

上述代码中，list_3 列表包含了字符串、整数、浮点数、布尔类型数以及另一个列表，list4 创建了一个空列表。运行结果如下：

```
list_1: [10, 20, 4, 19, 20]
list_2: ['h', 'e', 'l', 'l', 'o']
list_3: ['a', 1, True, 9.7, [10, 20, 4, 19, 20]]
list_4: []
```

4.3.2 列表常用操作

列表的常用操作包括访问元素、添加元素、删除元素、遍历元素等等。

（1）访问列表元素

列表通过索引访问数据元素，格式如下：

list[n]

上述格式中，list 是列表名称，n 是数据元素索引值，其值从 0 到列表长度-1，也可以是从-1 至-列表长度。案例如下：
```
score_list=[90,87,60,54,100]
print(score_list[0])
print(score_list[4])
print(score_list[-1])
```
运行上述代码，结果如下：
```
90
100
100
```
若想访问列表连续的若干元素，也可使用切片，使用方法和字符串切片相同。格式如下：
```
list[start:end:step]
```
上述格式中，访问 list 列表的索引为 start 的元素至索引为 end-1 的元素，其步长是 step 值。若 start 省略，则从索引为 0 的元素开始；若 end 省略，则访问至最后一个元素；若 step 省略，步长默认是 1。案例代码如下：
```
score_list=[90,87,60,54,100]
print(score_list[0:3])
print(score_list[:3])
print(score_list[0:])
print(score_list[1:4:2])
```
运行上述代码，结果如下：
```
[90, 87, 60]
[90, 87, 60]
[90, 87, 60, 54, 100]
[87, 54]
```

（2）添加列表元素

Python 中常用的添加列表元素方法有 append()方法和 insert()方法。

① append()方法追加元素。使用 append()方法在列表的末尾添加新的数据元素，格式如下：
```
list.append(obj)
```
上述格式中，obj 是添加到列表的数据元素。append()方法没有返回值，但是会修改原来的列表。案例代码如下：
```
course_list=['Java 语言','mysql 数据库','Python' ,'网络基础']
print(course_list)
course_list.append('Java Web 开发')
print(course_list)
```
运行上述代码，结果如下：
```
['Java语言', 'mysql数据库', 'Python', '网络基础']
['Java语言', 'mysql数据库', 'Python', '网络基础', 'Java Web开发']
```

② insert()方法插入元素。使用 append()方法，只能将新元素添加到列表的末尾，若想将新元素插入指定位置，使用 insert()方法，格式如下：
```
list.pop(index,obj)
```
上述格式中，obj 表示插入的新元素，index 表示将 obj 插入的索引位置。该方法依然没有返回值，但是原来的列表会被修改。将上面代码中"Java Web 开发"插入索引为 2 的位置，案例代码如下：

```
course_list=['Java 语言','mysql 数据库','Python' ,'网络基础']
print(course_list)
course_list.insert(2,'Java Web 开发')
print(course_list)
```
执行上述代码，结果如下：

```
['Java语言', 'mysql数据库', 'Python', '网络基础']
['Java语言', 'mysql数据库', 'Java Web开发', 'Python', '网络基础']
```

（3）删除列表元素

Python 中常用的删除列表元素的方法有 pop()方法、remove()方法和 clear()方法。

① pop()方法删除元素。pop()方法是使用索引号删除列表元素，格式如下：

```
list.pop([index])
```

上述格式中，index 表示删除元素的索引号，若省略则删除最后一个元素。该方法返回删除元素的值，使用该方法后原来的列表会被修改。案例代码如下：

```
score_list=[90,87,60,54,100]
print(score_list)
score_list.pop()
print(score_list)
score_list.pop(2)
print(score_list)
```

运行上述代码，结果如下：

```
[90, 87, 60, 54, 100]
[90, 87, 60, 54]
[90, 87, 54]
```

② remove()方法删除元素。remove()方法是删除列表中某个值的第一个匹配项，格式如下：

```
list.remove(obj)
```

上述格式中，obj 表示要删除的数据，若列表中有 obj 匹配的元素，则删除第一个匹配的元素。该方法没有返回值，使用该方法后原来的列表会被修改。案例代码如下：

```
score_list=[90,87,60,54,100]
print(score_list)
score_list.remove(87)
print(score_list)
```

运行上述代码，结果如下：

```
[90, 87, 60, 54, 100]
[90, 60, 54, 100]
```

使用 remove()方法删除列表中不存在的元素会报错，案例代码如下：

```
score_list=[90,87,60,54,100]
score_list.remove(98)
print(score_list)
```

运行上述代码，结果如下：

```
Traceback (most recent call last):
  File "E:\pythonbook\chap4\demo4.1.py", line 29, in <module>
    score_list.remove(98)
ValueError: list.remove(x): x not in list
```

因此使用 revmoe()方法删除元素时，最好先判断列表中是否包含该元素。

③ clear()清空列表。若想删除列表中所有元素，可使用 clear()方法，格式如下：

list.clear()

清空列表元素案例代码如下：

```
score_list=[90,87,60,54,100]
print(score_list)
score_list.clear()
print(score_list)
```

运行上述代码，结果如下：

```
[90, 87, 60, 54, 100]
[]
```

（4）遍历列表元素

遍历列表是从列表第一个元素开始，依次获取列表所有元素。在遍历的过程中可以完成查询、处理等操作。在 Python 中经常使用 for 循环遍历列表，格式如下：

遍历完列表则退出 for 循环。案例代码如下：

```
color_list=['red','blue','yellow','green','pink']
for value in color_list:
    print(value)
```

运行上述代码，结果如下：

```
red
blue
yellow
green
pink
```

（5）排序

Python 列表提供了 sort()方法对列表排序，格式如下：

list.sort([key],[reverse])

上述格式中 key 表示要进行比较的元素，reverse 表示排序的规则，True 表示降序，False 表示升序，默认情况下为 False。使用 sort()方法排序后会修改原来的列表。案例代码如下：

```
score_list=[90,87,60,54,100]
print(course_list)
score_list.sort()
print("按升序排序:",score_list)
score_list.sort(reverse=True)
print("按降序排序:",score_list)
```

运行上述代码，结果如下：

```
按升序排序: [54, 60, 87, 90, 100]
按降序排序: [100, 90, 87, 60, 54]
```

（6）翻转列表

Python 列表提供了 reverse()方法反向排列列表元素，格式如下：

list.reverse()

该方法没有返回值,但是会将列表修改成反向排序,案例代码如下:
```
grade_list=['优','良','中','及格','不及格']
print(grade_list)
grade_list.reverse()
print('反向排序:',grade_list)
```
运行上述代码,结果如下:
```
['优', '良', '中', '及格', '不及格']
反向排序: ['不及格', '及格', '中', '良', '优']
```

(7)列表推导式

Python 提供了列表推导式,可以在一行内使用已有的列表创建满足特定需求的列表。列表推导式的格式如下:

[表达式 for 变量 in 可迭代对象 [if 条件]]

上面格式中,使用 for … in … 遍历可迭代对象,变量表示可迭代对象中的元素,在每次循环时生成一个表达式,最后由这些表达式构成新的列表。if 是可选项,若包含 if 条件,则先判断可迭代对象中的元素是否满足条件,若满足条件,便计算表达式,将结果添加到新的列表中。

使用列表推导式生成一个新的列表,每个元素是原来列表中元素的 2 倍,案例代码如下:
```
list1=[72,89,5,12,10,22]
list2=[x*2 for x in list1]
print(list2)
```
运行结果如下:
```
[144, 178, 10, 24, 20, 44]
```

带条件的列表推导式案例如下:
```
list1=[72,89,5,12,10,22]
list2=[x*x for x in list1 if x%2==0]
print(list2)
```
上面案例中,list2 列表中的元素是 list1 列表中偶数元素的平方,运行结果如下:
```
[5184, 144, 100, 484]
```

4.4 [项目训练]简易音乐库

在个人音乐库中可以根据自己的喜好添加歌曲、修改歌曲、删除歌曲、查询歌曲以及对歌曲进行排序。

(1)项目目标

- 熟练掌握列表创建;
- 熟练掌握列表元素的增删改查;
- 熟练掌握列表的排序;
- 熟练掌握列表遍历。

(2)项目分析

个人音乐库项目中,有 6 个选项,用户输入 1 为添加歌曲,输入 2 为修改歌曲,输入 3

为删除歌曲，输入 4 为显示所有歌曲，输入 5 为查询歌曲，输入 6 为对歌曲排序，输入 0 退出音乐库系统。

（3）项目代码

① 输出界面。
```
print("欢迎光临我的音乐库!")
print("添加歌曲请输入1")
print("修改歌曲请输入2")
print("删除歌曲请输入3")
print("显示所有歌曲请输入4")
print("查询歌曲请输入5")
print("歌曲排序请输入6")
print("退出请输入0")
```
② 用户可以循环选择菜单，完成对应操作。
```
song_list=[]
while True:
        choice=input("请输入您的操作:")
        # 根据用户选择完成对应操作,使用选择结构实现
```
③ 添加歌曲。
```
if choice=='1':
        song=input("请输入添加的歌曲名称:")
        if song.strip()!="":
                song_list.append(song)
                print("歌曲添加成功!")
```
④ 修改歌曲。
```
elif choice=='2':
        song_old=input("请输入要修改的歌曲名称:")
        song_new=input("请输入修改后的歌曲名称:")
        if song_list.count(song_old)!=0:
                index=song_list.index(song_old)
                song_list[index]=song_new
                print("歌曲修改成功!")
        else:
                print("要修改的歌曲不存在!")
```
⑤ 删除歌曲。
```
elif choice=='3':
        song=input("请输入删除的歌曲名称:")
        if song in song_list:
                song_list.remove(song)
                print("歌曲删除成功!")
        else:
                print("音乐库中没有该歌曲!")
```
⑥ 显示所有歌曲。
```
elif choice=='4':
        print("音乐库所有歌曲:")
        for song in song_list:
                print(song,end="\t")
        print()
```
⑦ 查询歌曲。
```
elif choice=='5':
```

```
        song=input("请输入查询的歌曲名称:")
        if song in song_list:
            index=song_list.index(song)
            print("音乐库中存在该歌曲,位置为:",index)
        else:
            print("音乐库中不存在该歌曲!")
```
⑧ 歌曲排序。
```
    elif choice=='6':
        song_list.sort()
        print(song_list)
```
⑨ 退出系统。
```
    elif choice=='0':
        break
```
⑩ 若未选择菜单序号,则给出提示。
```
    else:
        print("请输入正确的操作编号!")
```
⑪ 退出通信录后,提示结束。
```
print("音乐库操作结束!")
```

(4)项目测试

① 用户输入"1",添加 3 首歌曲;用户输入"2",修改歌曲;用户输入"4",显示所有歌曲。运行结果如下:

```
欢迎光临我的音乐库!
添加歌曲请输入1
修改歌曲请输入2
删除歌曲请输入3
显示所有歌曲请输入4
查询歌曲请输入5
歌曲排序请输入6
退出请输入0
请输入您的操作: 1
请输入添加的歌曲名称: 歌唱祖国
歌曲添加成功!
请输入您的操作: 1
请输入添加的歌曲名称: 走进新时代
歌曲添加成功!
请输入您的操作: 1
请输入添加的歌曲名称: 东方红
歌曲添加成功!
请输入您的操作: 2
请输入要修改的歌曲名称: 东方红
请输入修改后的歌曲名称: 我的中国心
歌曲修改成功!
请输入您的操作: 4
音乐库所有歌曲有:
歌唱祖国    走进新时代    我的中国心
```

② 用户输入"3"删除歌曲;用户输入 5,查询歌曲;用户输入"6",排序歌曲;用户

输入"0",退出系统。运行结果如下:

```
请输入您的操作：3
请输入删除的歌曲名称：中国红
音乐库中没有该歌曲！
请输入您的操作：3
请输入删除的歌曲名称：走进新时代
歌曲删除成功！
请输入您的操作：5
请输入查询的歌曲名称：走进新时代
音乐库中不存在该歌曲！
请输入您的操作：5
请输入查询的歌曲名称：我的中国心
音乐库中存才该歌曲，位置为：1
请输入您的操作：6
['我的中国心', '歌唱祖国']
请输入您的操作：7
请输入正确的操作编号！
请输入您的操作：0
音乐库操作结束！
```

4.5 元组

与列表类似,元组也是一个序列,只是这个序列中的元素定义好后便不能修改。

4.5.1 创建元组

创建元组使用小括弧(),元素之间使用逗号隔开,需要注意的是,若要创建包含1个元素的元组,则在元素后添加一个逗号,否则会被当作小括弧运算符。格式如下:

(元素1,元素2,… ,元素n)

创建元组案例代码如下:

```
tuple_1=(1,2,3,4)
tuple_2=()
tuple_3=('a','b','c',True,4.3)
tuple_4=('red',)
print(tuple_1)
print(tuple_2)
print(tuple_3)
print(tuple_4)
```

运行上述代码,结果如下:

```
(1, 2, 3, 4)
()
('a', 'b', 'c', True, 4.3)
('red',)
```

若在代码中试图修改元组的数据元素,则会报错,案例代码如下:

```
tuple_1=(1,2,3,4)
tuple_1[1]=10
```

运行上述代码,结果如下:

```
Traceback (most recent call last):
  File "E:\pythonbook\chap4\demo4.2.py", line 12, in <module>
    tuple_1[1] =10
TypeError: 'tuple' object does not support item assignment
```

4.5.2 元组操作

(1) 访问元素

元组获取数据元素的方式和列表相同,可以使用索引值获取单个数据元素,可以使用切片获取多个数据元素,可以使用 for 循环遍历元组元素,案例代码如下:

```
drink_tuple=('tee','coffee','orange')
print(drink_tuple[1])
print(drink_tuple[0:2])
for value in drink_tuple:
    print(value)
```

运行上述代码,结果如下:

```
coffee
('tee', 'coffee')
tee
coffee
orange
```

由于元组不能修改,因此元组没有添加、修改、删除、排序、翻转等操作。

(2) 元组运算符 "+" 与 "*"

使用 "+" 连接两个或多个元组,使用 "*" 复制元组构成一个新的元组。不论是连接元组还是复制元组,均不会修改原来的元组,而是创建一个新的元组。代码如下:

```
tuple_1=('h','e','l','l','o')
tuple_2=('w','o','r','l','d')
tuple_3=tuple_1+tuple_2
tuple_4=tuple_1*3
print(tuple_1)
print(tuple_2)
print(tuple_3)
print(tuple_4)
```

运行上述代码,结果如下:

```
('h', 'e', 'l', 'l', 'o')
('w', 'o', 'r', 'l', 'd')
('h', 'e', 'l', 'l', 'o', 'w', 'o', 'r', 'l', 'd')
('h', 'e', 'l', 'l', 'o', 'h', 'e', 'l', 'l', 'o', 'h', 'e', 'l', 'l', 'o')
```

(3) 元组和列表之间转换类型

Python 提供了 tuple()方法,通过该方法可以将列表转换成元组,还提供了 list()方法,通过该方法将元组转换成列表。案例代码如下:

```
print(tuple([1,2,3]))
print(list(('a','b','c')))
```

执行上述代码，结果如下：
```
(1, 2, 3)
['a', 'b', 'c']
```

习 题

一、选择题

1. 格式化占位符中（　　）是整数占位符。
   A. %f　　　　　　B. %d　　　　　　C. %s　　　　　　D. %c
2. 切割字符串的方法是（　　）。
   A. index()　　　　B. find()　　　　　C. strip()　　　　D. split()
3. 在列表中根据索引号删除列表元素的方法是（　　）。
   A. pop()　　　　　B. remove()　　　　C. clear()　　　　D. delete()
4. 关于元组，说法错误的是（　　）。
   A. 元组是一个集合。
   B. 元组中元素定义好后可以修改。
   C. 创建元组使用小括弧，元素之间使用逗号隔开。
   D. 若要创建包含 1 个元素的元组，则在元素后添加一个逗号。
5. Python 列表中 reverse 方法的功能是（　　）。
   A. 排序列表元素　　　　　　B. 连接列表元素
   C. 反向列表元素　　　　　　D. 遍历列表元素

二、填空题

1. 序列是 Python 最基本的数据结构，它是在一块连续的内存空间存放多个值。可以通过值的位置编号访问它们，位置编号即为_____。在 Python 中，常用的序列包括_____、_____和_____。
2. Python 中常用的添加列表元素的方法有_____和_____。
3. 下面程序运行的结果是_____。
```
list1=[5,10,3,1,2]
for value in list1:
    print(value)
```
4. Python 提供了_____方法，通过该方法可以将列表转换成元组，还提供了_____方法将元组转换成列表。。
5. 下面程序运行的结果是（　　）。
```
list1="abcdefccc"
print(list1.find("c"))
```

三、编程题

1. 输入一个邮箱地址，并验证邮箱地址格式是否正确。（要求邮箱中必须有"@"符号和"."符号，"@"符号前的字符串长度在 6~20 位）。
2. 创建一个学生成绩列表，并输入 5 位同学的成绩，将成绩由低到高排序输出。

第5章 字典和集合

Python中的容器有列表、元组、字典和集合。列表和元组都是有序的容器,而字典和集合是无序的。字典是影射类型,采用了键值对的方式存储数据。集合是存放不重复元素的容器。本章重点介绍字典和集合。

本章涉及的主要知识点有:
- 字典创建;
- 字典常用操作;
- 集合创建;
- 集合常用操作。

5.1 字典

Python中,字典是除了列表以外最常用的容器。字典用于存储元素对,即键(key)和值(value),每个键映射到一个值。在字典中键是唯一的,不能重复,值是可以重复的,且键和值是一一对应。键值对如图5-1所示。

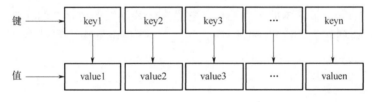

图5-1 键值对

5.1.1 创建字典

字典的每个元素包含两个部分:键和值。创建字典时使用大括弧,元素之间使用逗号隔开,键和值中间使用冒号关联,格式如下:

{key1:value1,key2:value2,…,keyn:valuen}

字典中键的类型是不可变的,值可以是任意类型。

【案例5-1】创建字典,并打印输出。

案例代码如下:

```
dict_1={1:'a',2:'b',3:'c'}
dict_2={"王强":[90,80,97],"李好":[78,79,84],"苏然":[69,70,81]}
dict_3={}
print(dict_1)
```

```
print(dict_2)
print(dict_3)
```
运行上述代码,结果如下:
```
{1: 'a', 2: 'b', 3: 'c'}
{'王强': [90, 80, 97], '李好': [78, 79, 84], '苏然': [69, 70, 81]}
{}
```
除了使用大括弧以外,也可以使用 Python 内置函数 dict()创建字典,案例代码如下:
```
dict_1=dict()
dict_2=dict({1:'a',2:'b',3:'c'})
```

5.1.2 字典常用操作

(1)访问字典元素

① 使用[]访问字典元素。把键放在中括弧中访问对应的元素,格式如下:
dict[key]
使用[]访问字典元素案例代码如下:
```
dict_2={"王强":[90,80,97],"李好":[78,79,84],"苏然":[69,70,81]}
print(dict_2["王强"])
print(dict_2["李好"])
print(dict_2["苏然"])
```
运行上述代码,结果如下:
```
[90, 80, 97]
[78, 79, 84]
[69, 70, 81]
```
若在字典中访问不存在的键,会抛出异常。代码如下:
```
dict_2={"王强":[90,80,97],"李好":[78,79,84],"苏然":[69,70,81]}
print(dict_2["王娜"])
```
运行上面代码,结果如下:
```
Traceback (most recent call last):
  File "E:\pythonbook\chap5\demo5.1.py", line 18, in <module>
    print(dict_2["王娜"])
KeyError: '王娜'
```
② get()方法访问字典元素。除了中括弧外,也可以使用 get()方法访问字典元素,格式如下:

dict.get(key)
该方法返回 key 对应的值,若 key 不存在,则返回 None。案例代码如下:
```
book_dict={"Python 程序设计":47.2,"Java 程序设计":35,"MySql 数据库":51}
print(book_dict.get("Python 程序设计"))
print(book_dict.get("Java 程序设计"))
print(book_dict.get("MySql 数据库"))
```
运行上面代码,结果如下:
```
47.2
35
51
```

（2）遍历字典

在 Python 中，使用字典的 keys()方法、values()方法和 items()方法获取可迭代的视图对象，并结合 for 循环遍历字典。

① keys()方法。使用 keys()方法可获取包含所有键的对象，并通过 for 循环遍历该对象，即可遍历字典。格式如下：

for key in dict.keys():
    代码段

【案例 5-2】遍历输出学生字典中的所有元素。

案例代码如下：

```
book_dict={"20220001":"苏娜","20220002":"李旭","20220003":"孟婷"}
print(book_dict.keys())
for key in book_dict.keys():
    print(f"学号为:{key},姓名为:{book_dict[key]}")
```

运行上面代码，结果如下：

```
dict_keys(['20220001', '20220002', '20220003'])
学号为: 20220001, 姓名为: 苏娜
学号为: 20220002, 姓名为: 李旭
学号为: 20220003, 姓名为: 孟婷
```

② values()方法。使用 values()方法获取包含所有值的视图对象。

【案例 5-3】遍历输出成绩等级字典中所有元素。

案例代码如下：

```
grade_dict={'A':"优秀",'B':"良好",'C':"中等",'D':"及格",'E':"不及格"}
print(grade_dict.values())
for value in grade_dict.values():
    print(value)
```

运行上面代码，结果如下：

```
dict_values(['优秀', '良好', '中等', '及格', '不及格'])
优秀
良好
中等
及格
不及格
```

③ items()方法。使用 items()方法可获取包含所有键和值的可迭代视图对象。使用 items()遍历"案例 5-3"中的成绩等级字典，代码如下：

```
grade_dict={'A':"优秀",'B':"良好",'C':"中等",'D':"及格",'E':"不及格"}
print(grade_dict.items())
for key,value in grade_dict.items():
    print(key,":",value)
```

运行上面的代码，结果如下：

```
dict_items([('A', '优秀'), ('B', '良好'), ('C', '中等'), ('D', '及格'), ('E', '不及格')])
A : 优秀
B : 良好
C : 中等
D : 及格
E : 不及格
```

(3）添加字典元素

在字典中以新的键值对的方式添加新元素。格式如下：

dict[key]=value

在字典中添加元素的案例代码如下：

book_dict={"Python 程序设计":47.2,"Java 程序设计":35,"MySql 数据库":51}
book_dict["网络系统"]=41
print(book_dict)

运行上面代码，结果如下：

```
{'Python程序设计': 47.2, 'Java程序设计': 35, 'MySql数据库': 51, '网络系统': 41}
```

(4）修改字典元素

修改字典元素和添加字典元素的格式是相同的，区别在于索引 key 是否存在，若存在便是修改操作，若不存在则是添加操作。格式如下：

dict[key]=value

在字典中修改元素的案例代码如下：

book_dict={"Python 程序设计":47.2,"Java 程序设计":35,"MySql 数据库":51}
book_dict["Python 程序设计"]=39.6
book_dict["Java Web 开发"]=43
print(book_dict)

在上面代码中，book_dict 包含"Python 程序设计"，因此第 2 行是修改元素的值，book_dict 不包含"Java Web 开发"，因此第 3 行是添加元素，运行结果如下：

```
{'Python程序设计': 39.6, 'Java程序设计': 35, 'MySql数据库': 51, 'Java Web开发': 43}
```

(5）删除字典元素

① pop()方法。字典提供了 pop()方法，根据索引（key）删除元素，格式如下：

dict.pop(key[,default])

pop()方法中若索引 key 存在，则删除该元素，并返回被删除元素的值；若 key 不存在，则返回默认值 default，若省略了 default，则抛出异常。案例代码如下：

【案例 5-4】删除案例 5-3 中成绩等级字典中的"中等"。

案例代码如下：

grade_dict={'A':"优秀",'B':"良好",'C':"中等",'D':"及格",'E':"不及格"}
print(grade_dict)
grade_dict.pop('C')
print(grade_dict)

运行上面代码，结果如下：

```
{'A': '优秀', 'B': '良好', 'C': '中等', 'D': '及格', 'E': '不及格'}
{'A': '优秀', 'B': '良好', 'D': '及格', 'E': '不及格'}
```

删除不存在的索引的案例代码如下：

grade_dict={'A':"优秀",'B':"良好",'C':"中等",'D':"及格",'E':"不及格" }
print(grade_dict.pop('X','没有该索引号'))
print(grade_dict)
grade_dict.pop('X')

上面代码中，删除不存在的索引号"X"，因为第 2 行有默认值，因此返回默认值，而第 3 行省略了默认值，因此抛出异常，运行结果如下：

```
Traceback (most recent call last):
  File "E:\pythonbook\chap5\python5.4.py", line 10, in <module>
    grade_dict.pop('X')
KeyError: 'X'
没有该索引号
{'A': '优秀', 'B': '良好', 'C': '中等', 'D': '及格', 'E': '不及格'}
```

② del 命令。使用 del 命令可以删除字典元素，也可以删除字典。格式如下：

del dict[key]
del dict

使用 del 命令删除字典元素和字典的案例代码如下：

score_dict={"王强":[90,80,97],"李好":[78,79,84],"苏然":[69,70,81]}
print(score_dict)
del score_dict["王强"]
print(score_dict)
del score_dict
print(score_dict)

删除 score_dict 字典后，字典不存在了，再输出该字典便会抛出异常，运行结果如下：

```
Traceback (most recent call last):
  File "E:\pythonbook\chap5\python5.4.py", line 19, in <module>
    print(score_dict)
NameError: name 'score_dict' is not defined
{'王强': [90, 80, 97], '李好': [78, 79, 84], '苏然': [69, 70, 81]}
{'李好': [78, 79, 84], '苏然': [69, 70, 81]}
```

③ popitem()方法。若不想指定要删除的索引，可以使用 popitem()方法随机删除字典元素，格式如下：

dict.popitem()

按照后进先出的规则，popitem()方法会删除最后插入字典的元素，并返回该元素。若字典为空，则抛出异常。案例代码如下：

book_dict={"20220001":"苏娜","20220002":"李旭","20220003":"孟婷"}
print(book_dict)
book_dict.popitem()
print(book_dict)

运行上面代码，结果如下：

```
{'20220001': '苏娜', '20220002': '李旭', '20220003': '孟婷'}
{'20220001': '苏娜', '20220002': '李旭'}
```

④ clear()方法。若想删除字典中所有元素，则使用 clear()方法，格式如下：

dict.clear()

与 del 命令不同的是，clear()方法删除字典所有元素，但是字典还存在。案例代码如下：

user_pwd={"user01":"123456","user02":"abcdef","user03":"987654"}
print(user_pwd)

```
user_pwd.clear()
print(user_pwd)
```
运行上面代码，结果如下：

```
{'user01': '123456', 'user02': 'abcdef', 'user03': '987654'}
{}
```

（6）字典推导式

字典推导式和列表推导式格式类似，不同之处是字典以键值对存放数据，字典推导式是使用大括弧{}括起来，格式如下：

{key:value for key,valuye in dict.items()[if 条件]}

使用字典推导式，生成新的图书价格字典，其中图书价格是原价的八折，案例代码如下：

```
book_price={"python":45,"java":67,"mysql":34,"网络基础":38}
discount=0.8
book_discount={key:round(value*discount,1) for key,value in book_price.items()}
print("图书原价:",book_price)
print("图书八折后价格:",book_discount)
```

运行结果如下：

```
{'zhangsan@163.com', '11111111@qq.com'}
图书原价: {'python': 45, 'java': 67, 'mysql': 34, '网络基础': 38}
图书9折后价格: {'python': 36.0, 'java': 53.6, 'mysql': 27.2, '网络基础': 30.4}
```

5.2 [项目训练]通讯录

通讯录是手机上最基本、最常用的功能之一。本项目模拟手机通讯录，通讯录中保存着联系人姓名和联系方式，可实现添加联系人、修改联系方式、删除联系人、查找联系方式、清空所有联系人等功能。

（1）项目目标

- 熟练掌握字典创建；
- 熟练掌握字典的各种操作。

（2）项目分析

本通讯录系统中包含多个联系人的联系方式。根据用户的输入，完成相应的操作：

- 用户输入"1"：添加联系人；
- 用户输入"2"：删除联系人；
- 用户输入"3"：修改联系方式；
- 用户输入"4"：查询联系方式；
- 用户输入"5"：显示所有联系人及联系方式；
- 用户输入"6"：清空通讯录；
- 用户输入"0"：退出系统。

（3）项目代码

① 输出界面信息。

```python
print("欢迎光临通讯录!")
print("添加联系人请输入 1")
print("删除联系人请输入 2")
print("修改联系方式请输入 3")
print("查询联系方式请输入 4")
print("显示所有联系信息请输入 5")
print("清空通讯录请输入 6")
print("退出请输入 0")
```

② 用户可以循环选择菜单，完成相应的操作。

```python
phone_contacts={}
while True:
    choice=input("请输入您的操作:")
    # 对应的操作:使用选择结构实现
```

③ 添加联系人。

```python
if choice=='1':
    name=input("请输入联系人:")
    phone=input("请输入联系方式:")
    if name.strip()!="":
        phone_contacts[name]=phone
        print("添加成功!")
    else:
        print("请输入联系人!")
```

④ 删除联系人。

```python
elif choice=='2':
    name=input("请输入联系人:")
    if name in phone_contacts.keys():
        phone_contacts.pop(name)
        print("删除成功!")
    else:
        print("通讯录中没有该联系人!")
```

⑤ 修改联系方式。

```python
elif choice=='3':
    name=input("请输入联系人:")
    phone=input("请输入联系方式:")
    if name in phone_contacts.keys():
        phone_contacts[name]=phone
        print("修改成功!")
    else:
        print("通讯录中没有该联系人!")
```

⑥ 查询联系方式。

```python
elif choice=='4':
    name=input("请输入联系人:")
    if name in phone_contacts.keys():
```

```
                print("联系方式为:",phone_contacts[name])
            else:
                print("通讯录中没有该联系人!")
```
⑦ 显示所有联系信息。
```
    elif choice=='5':
            print("通讯录信息:")
            for key,value in phone_contacts.items():
                    print(key,":",phone_contacts[key])
```
⑧ 清空通讯录。
```
    elif choice=='6':
        phone_contacts.clear()
        print("已清空通讯录!")
```
⑨ 退出通讯录。
```
    elif choice=='0':
            break
```
⑩ 若输入菜单序号有误，则给出提示。
```
    else:
            print("请输入正确的操作编号!")
```
⑪ 退出通讯录后，提示结束。
```
print("通讯录系统操作结束!")
```

（4）项目测试

① 添加功能测试。结果如下：

```
欢迎光临通讯录!
添加联系人请输入1
删除联系人请输入2
修改联系方式请输入3
查询联系方式请输入4
显示所有联系信息请输入5
清空通讯录请输入6
退出请输入0
请输入您的操作: 1
请输入联系人: 张三
请输入联系方式: 1111
添加成功!
请输入您的操作: 1
请输入联系人: 李四
请输入联系方式: 2222
添加成功!
请输入您的操作: 5
通讯录信息:
张三 : 1111
李四 : 2222
```

② 修改功能测试。结果如下：

```
请输入您的操作：3
请输入联系人：张三
请输入联系方式：13844445555
修改成功！
请输入您的操作：5
通讯录信息：
张三 ：4444
李四 ：2222
请输入您的操作：3
请输入联系人：王五
请输入联系方式：3333
通讯录中没有该联系人！
```

③ 删除、清空、查询和退出功能测试。结果如下：

```
请输入您的操作：2
请输入联系人：张三
删除成功！
请输入您的操作：2
请输入联系人：王五
通讯录中没有该联系人！
请输入您的操作：4
请输入联系人：李四
联系方式为：2222
请输入您的操作：王五
请输入正确的操作编号！
请输入您的操作：6
已清空通讯录！
请输入您的操作：0
通讯录系统操作结束！
```

5.3 集合（set）

Python 中的集合是用来保存不重复的数据的，即集合中的元素是不相同的。与字典相同，集合中的元素也是无序的。

5.3.1 创建集合

创建集合有两种方式：{}和 set()。

（1）{}方式创建集合

与字典相同，将集合元素放入{}中，并用逗号分隔，格式如下：

{元素 1,元素 2,… ,元素 n}

同一集合中，只能存储不可变的数据，如数字、字符串、元组等，不能存储列表、字典、集合等可变数据。需要注意的是，使用{}不能创建空集合，Python 中{}代表空字典。使用{}创建集合案例如下：

```
set_1={1,2,3,4,5}
set_2={'a',True,3.4,(1,2,3)}
set_3={7,8,'a',7,'a','b'}
print(set_1)
print(set_2)
print(set_3)
```
由于集合中元素是不能重复的，因此在上面代码中，set_3 集合中重复元素只会保留一份，运行结果如下：

```
{1, 2, 3, 4, 5}
{'a', True, 3.4, (1, 2, 3)}
{8, 'b', 7, 'a'}
```

set 无序集合，所以每次运行时 set 集合元素的顺序有可能不相同。如果 set 集合中保存可变数据元素，会抛出异常，代码如下：

```
set_1={'hello','world',[1,2,3]}
print(set_1)
```
列表属于可变数据类型，因此执行上面代码会抛出异常，运行结果如下：

```
Traceback (most recent call last):
  File "E:\pythonbook\chap5\demo5.5.py", line 9, in <module>
    set_1 = {'hello', 'world', [1, 2, 3]}
TypeError: unhashable type: 'list'
```

（2）set() 方法创建集合

set() 方法是 Python 内置函数，使用 set() 方法可以将字符串、列表、元组等可迭代对象转换成集合，格式如下：

set(可迭代对象)

Python 中使用 set() 方法可创建空集合。使用 set() 方法创建集合的案例代码如下：

```
set_1=set(['python','Java','C'])
set_2=set(('优秀','良好','及格','不及格'))
set_3=set("hello world!")
set_4=set()
print(set_1)
print(set_2)
print(set_3)
print(set_4)
```
上面代码中，使用 set() 方法将列表、元组、字符串转换为 set 集合，运行结果如下：

```
{'python', 'C', 'Java'}
{'及格', '不及格', '优秀', '良好'}
{'!', 'o', 'h', 'l', ' ', 'r', 'e', 'd', 'w'}
set()
```

5.3.2　集合常用操作

（1）访问集合元素

集合元素既没有下标，又没有索引，因此访问集合最常用的方法便是使用 for 循环遍历集合，格式如下：

```
for value in set:
    代码段
```

访问集合元素案例代码如下：

```
set_1={1,2,3,4,5}
for value in set_1:
    print(value)
```

运行上面代码，结果如下：

```
1
2
3
4
5
```

（2）添加元素

set 集合添加元素，可以使用 add() 方法实现，格式如下：

```
set.add(element)
```

使用 add() 方法添加集合元素，只能添加数字、字符串、元组、布尔数等不可变类型数据。使用 add() 添加元素案例代码如下：

```
set_1={1,2,3,4,5}
set_1.add(10)
set_1.add(20)
print(set_1)
```

运行上面代码结果如下：

```
1
2
3
4
5
{1, 2, 3, 4, 5, 20, 10}
```

（3）删除元素

使用 remove() 方法删除 set 集合中指定元素，格式如下：

```
set.remove(element)
```

只有包含在 set 集合中的元素才能使用 remove() 方法删除，若删除不包含在 set 集合中的元素，则会抛出异常。删除元素案例代码如下：

```
set_1={1,2,3,4,5}
print(set_1)
set_1.remove(1)
print(set_1)
set_1.remove(6)
print(set_1)
```

运行上述代码，结果如下：

```
{1, 2, 3, 4, 5}
{2, 3, 4, 5}
Traceback (most recent call last):
  File "E:\pythonbook\chap5\demo5.5.py", line 36, in <module>
    set_1.remove(6)
KeyError: 6
```

为了避免删除元素抛出异常，可以在使用 remove 方法前判断集合是否包含要删除的元素。也可以使用 discard()方法，该方法和 remove()方法作用相同，只是当删除的元素不存在时，remove()方法抛出异常，discard()方法不会抛出异常。

（4）集合运算

集合常用到交集、并集、差集和对称差集运算。集合运算如表 5-1 所示。

表 5-1 集合运算

运算操作	运算符	含义
交集	&	取两个集合公共部分
并集	|	取两个集合全部元素
差集	-	取一个集合中另一个集合没有的元素
对称差集	^	取两个集合中交集以外的部分

集合运算案例代码如下：

```
set_1={'a','b','c','d','e'}
set_2={1,2,'a',3,'d'}
print("两个集合的交集:",set_1&set_2)
print("两个集合的并集:",set_1|set_2)
print("两个集合的差集:",set_1-set_2)
print("两个集合的对称差集:",set_1^set_2)
```

运行上面代码，结果如下：

```
两个集合的交集: {'a', 'd'}
两个集合的并集: {1, 2, 3, 'd', 'c', 'a', 'e', 'b'}
两个集合的差集: {'c', 'e', 'b'}
两个集合的对称差集: {1, 2, 3, 'c', 'e', 'b'}
```

（5）集合推导式

与列表推导式类似，也可以使用推导式创建集合。集合推导式是使用大括弧{}括起来的，格式如下：

{表达式 for 变量 in 可迭代对象 [if 条件]}

上面格式中，遍历可迭代对象的过程中，计算表达式，由表达式结果组成新的集合。

使用集合推导式，筛选出符合要求的邮箱地址（带有"@"符号），案例代码如下：

```
info=["zhangsan@163.com","lisi","11111111@qq.com","23423423"]
email={x for x in info if x.find("@")!=-1}
print(email)
```

运行结果如下：

```
{'11111111@qq.com', 'zhangsan@163.com'}
```

习 题

一、选择题

1. 在 Python 中，（　　）方法不能遍历字典。
   A. items( )　　　B. keys( )　　　C. values( )　　　D. indexs( )
2. 能够清除字典中所有元素的方法是（　　）。
   A. clear( )　　　B. pop ( )　　　C. del ( )　　　D. popitem( )
3. 下面程序运行的结果是（　　）。
```
set1={1,2,3,4,5,6,7,8}
set1.add(6)
set1.add(10)
set1.remove(1)
print(set1)
```
   A. {1, 2, 3, 4, 5, 6, 7, 8, 6, 10}　　　B. {2, 3, 4, 5, 6, 7, 8, 6, 10}
   C. {2, 3, 4, 5, 6, 7, 8, 10}　　　D. {2, 3, 4, 5,6, 7, 8}
4. 能够访问字典元素的方式有（　　）。
   A. [ ]　　　B. get( )　　　C. value　　　D. index
5. 下面程序的运行结果是（　　）。
```
map1={'a':1,'b':2,'c':3}
for key in map1.keys():
    map1[key]=100
print(map1)
```
   A. {'a':1, 'b':2, 'c':3}　　　B. {'a':100, 'b':100, 'c':100}
   C. {'a':1, 'b':2, 'c':100}　　　D. {'a':100, 'b':2, 'c':3}

二、填空题

1. ＿＿＿＿用于存储元素对，即键（key）和值（value），每个键映射到一个值。
2. Python 中的集合是用来保存＿＿＿＿的数据的。
3. 创建集合有两种方式：＿＿＿＿和＿＿＿＿。
4. 下列程序的运行结果是＿＿＿＿。
```
set1={'x','y','z',1,2,3}
set2={1,'x','y','r','o'}
print(set1&set2)
```
5. Python 字典中使用＿＿＿＿方法可获取包含所有键的对象，并通过 for 循环遍历该对象。

三、编程题

1. 创建一个包含 5 本图书名称与价格的字典，按照价格由高到低排序输出。
2. 创建一个包含 10 个元素的 set 集合，遍历输出集合中的数据。

第6章 函数

有时候一段代码需要重复使用，这时便可以使用函数。函数可以把独立的功能抽象出来，成为一个独立体，使得程序更简短清晰，提高代码重用性，提高开发效率。本章节主要讲解如何创建函数、使用函数，并讲解函数的要素以及特殊函数。

本章涉及主要知识点有：
- 函数声明；
- 函数调用；
- 函数的实参与形参；
- 函数返回值；
- 变量作用域；
- 递归函数与匿名函数。

6.1 函数概述

函数是可重复使用的程序代码段。一般情况下，每个函数都有特定的功能，因此也称为功能函数。在前面章节中已经接触过 Python 内置函数，如 print()、input()、len()等，除了这些内置函数以外，也可以自定义函数。

函数具有以下优点：
① 提高代码模块性。使用函数可将程序分成不同的功能模块。
② 降低代码冗余度，提高代码的复用。定义一个函数，可以调用多次。
③ 使程序结构清晰。使用函数可以减少程序复杂度，提高程序的可阅读性。
④ 易于维护和扩展。当函数需要修改，只需要修改一次即可。
⑤ 提高开发人员的编程效率。

6.2 函数声明与调用

6.2.1 声明函数

开发人员可以自定义想要的功能函数。在 Python 中使用 def 关键字声明函数，格式如下：
```
def 函数名称([参数1,参数2,…]):
    函数体
```
声明函数的说明：
- Python 中声明函数以 def 关键字开始；
- def 后面是函数的名称，函数名称需要遵守标识符命名规则；

- 函数名后面是形参列表,使用小括弧()括起来,参数之间使用逗号分隔开,参数是可选项,也可以没有参数;
  - 冒号表示函数内容的开始;
  - 函数体是实现函数的代码段,需要缩进;
  - 函数若有返回值,则使用 return 语句,若没有 return 语句,函数返回空值,即 None。

【案例 6-1】 定义一个无参函数,求 1~100 的和。

代码如下:

```
def sum_1():
    result=0
    for i in range(1,101):
        result+=i
    print("1~100的和为:",result)
```

上面案例中,声明了无参函数 sum(),该函数计算 1~100 的和并输出。上述函数的通用性比较差,其功能是每次都求 1~100 的和,计算结果是固定的。

【案例 6-2】求 m~n 的和。

在本案例中,求 m~n 的和,m 和 n 都不是固定的,代码如下:

```
def sum_2(m,n):
    result=0
    for i in range(m,n+1):
        result+=i
    print(f"{m}~{n}的和为:",result)
```

在本案例中,当 m 和 n 取不同的值时,计算出的结果也是不同。

6.2.2 调用函数

声明函数只是说明有这样的一个函数,但是并不会被执行,只有调用了该函数,它才会被执行。调用函数格式如下:

函数名称([参数 1,参数 2,…])

- 调用函数只能调用已声明的函数。
- 函数调用是表达式,如有返回值可以在表达式中直接使用。

调用【案例 6-1】中函数的代码如下:

```
sum_1()
```

声明 sum_1 函数时没有参数,运行结果如下:

```
1~100的和为: 5050
```

调用【案例 6-2】中函数,求 10~50 的和,代码如下:

```
sum_2(10,50)
```

调用 sum_2 函数时,传递两个实参 10 和 50,运行结果如下:

```
10~50的和为: 1230
```

6.3 参数传递

6.3.1 形参与实参

声明函数时的参数称为形参,是没有具体值的。调用函数时的参数称为实参,即有具体值的实际参数。调用函数时会将实参一一传给形参，若无特殊情况，参数个数不对应会报错。在案例 6-2 中 m 和 n 是形参，10 和 50 是实参。Python 中函数有四种传入参数，分别是位置参数、默认参数、关键字参数和可变参数，下面具体分析这四种参数及其用法。

6.3.2 位置参数

位置参数是函数中最常用的参数，是函数调用时将实参按位置顺序传给形参。函数声明的参数列表中定义 n 个位置参数，函数调用时就必须传入 n 个参数，参数数量必须保持一致，即将第 1 个实参传给第 1 个形参，第 2 个实参传给第 2 个形参，第 m 个实参传给第 m 个形参。

【案例 6-3】求三个数的最大值。

案例代码如下：

```
def max(num1,num2,num3):
    max=num1
    if max<num2:
        max=num2
    if max<num3:
        max=num3
    print(f"{num1},{num2},{num3}中最大的值是:",max)
max(10,20,5)
max(4,1,2)
```

上面代码中，函数声明时有 3 个形参：num1，num2 和 num3。调用函数 max(10,20,5) 时，会将 10 传给 num1，20 传给 num2，5 传给 num3，运行结果如下：

```
10,20,5中最大的值是:  20
4,1,2中最大的值是:  4
```

6.3.3 默认参数

Python 中声明函数时允许为参数设置默认值，若函数调用时没有传递实参，便会使用默认值。格式如下：

```
def 函数名称([参数 1,参数 2,…,参数 n=默认值]):
    函数体
```

需要注意的是，默认参数必须放在所有没有默认值参数的后面，否则会出现错误。当函数有多个参数时，将变化大的参数放前面，变化小的参数放后面。变化小的参数就可以作为默认参数。

【案例 6-4】显示学生相关信息。

案例代码如下；

```
def show(name,gender,age=18,city='北京'):
    print("姓名为:",name,end='\t')
    print("性别为:",gender,end='\t')
    print("年龄为:",age,end='\t')
    print("城市为:",city)
show('王强','男',20,'天津')
show('苏好','女',19)
show('张丽','女')
```

运行上面代码，结果如下：

```
姓名为:  王强  性别为:  男  年龄为:  20  城市为:  天津
姓名为:  苏好  性别为:  女  年龄为:  19  城市为:  北京
姓名为:  张丽  性别为:  女  年龄为:  18  城市为:  北京
```

从运行结果看到，show('王强', '男', 20, '天津')中传递了 4 个参数，因此 age 和 city 的默认值会被覆盖，使用传递的实参的值。show('苏好', '女', 19)中没有给出第 4 个参数，因此 cit 便用默认值"北京"。show('张丽', '女')中传递了两个参数给 name 和 gender，因此 age 和 city 都会使用默认值。

6.3.4 关键字参数

使用位置参数时，开发人员只需按照位置顺序传递参数就可以。但参数较多时，开发人员有可能会弄错位置，以至于无法得到预期结果。Python 中提供了关键字参数，也称为命名参数，即调用函数时明确指定形参的名称。使用关键字参数，参数之间不存在先后顺序。

【案例 6-5】实现用户登录。

假设用户名为"user"，密码为"123456"，验证用户登录信息代码如下：

```
def login(username,password):
    if username=='user' and password=='123456':
        print("登录成功!")
    else:
        print("用户名或密码错误!")
login(password='123456',username='user')
login(username='guest',password='123456')
```

运行上面代码，结果如下：

```
登录成功!
用户名或密码错误!
```

从运行结果看到，使用关键字参数后，实参的位置可以不按顺序传递，在 login(password='123456', username='user')中，会将"123456"传给形参 password，将"user"传给形参 username。

在【案例 6-4】中使用默认参数时，当想要 city 使用默认值，而 age 要传递实际值时，也可以选择使用关键字参数，调用函数代码如下：

```
show('李林','男',city='重庆')
```

在 show('李林', '男', city='重庆')中，将"重庆"传递给形参 city，而 age 使用了默认值"18"，运行结果如下：

```
姓名为: 李林 性别为: 男 年龄为: 18 城市为: 重庆
```

6.3.5 可变参数

有时函数声明时，不知道需要传递多少个参数，若参数数量不确定，在声明函数时可以使用可变参数。可变参数有两种格式：在参数前面加一个"*"和在参数前面加两个"*"，格式如下：

```
def 函数名称([参数1,参数2,…,*参数/**参数]):
    函数体
```

在上述格式中"*参数"便是可变参数，在调用时可以根据需要传递不同数量的参数。

（1）一个"*"的可变参数

函数声明时使用一个"*"的可变参数，会将函数调用时的多个参数打包成元组传递给可变参数。案例代码如下：

```
def test(*args):
    print(args)
test(1,2,3)
```

运行上面代码，结果如下：

```
(1, 2, 3)
```

通过运行结果可以了解到，*args 是一个元组类型的数据。在调用函数时会把多个参数打包成元组传递给可变参数*args。

【案例6-6】定义一个求和的函数。

案例代码如下：

```
def add(*args):
    sum=0
    for i in args:
        sum+=i
    print(args,"和为:",sum)
add(10,20)
add(12,90,70,80)
```

上面代码使程序更加灵活。add(10, 20)中传递了两个实参 10 和 20，便是求两个数的和。add(12, 90, 70, 80)中传递了 4 个实参，便是求 4 个数的和。使用了可变参数后可以更方便地计算不同数量数据的和，运行结果如下：

```
(10, 20) 和为: 30
(12, 90, 70, 80) 和为: 252
```

（2）两个"*"的可变参数

若函数声明时使用两个"*"的可变参数，则函数调用时必须使用关键字参数，Python 会将多个关键字参数打包成字典传递给可变参数。案例代码如下：

```
def test(**args):
    print(args)
test(a=1,b=2,c=3)
```

运行上面的代码，结果如下：

```
{'a': 1, 'b': 2, 'c': 3}
```

通过运行结果可以看出，使用两个"*"参数时，会将关键字参数名称"a""b""c"设为 key，将关键字参数值"1"、"2"、"3"设为 value，将多个关键字参数打包成字典{'a': 1, 'b': 2, 'c': 3}。

【案例6-7】计算学生平均成绩。

案例代码如下：

```
def average(**scores):
    sum=0
    count=len(scores)
    for score in scores.values():
        sum+=score
    result=int(sum/count)
    print(list(scores.keys()),"平均成绩为:",result)
average(c=90,java=89,python=80)
average(math=90,chinese=100,english=98,physics=78)
```

运行上面代码，结果如下：

```
['c', 'java', 'python'] 平均成绩为: 86
['math', 'chinese', 'english', 'physics'] 平均成绩为: 91
```

函数中的这些参数类型也可以根据需要混合着使用，即一个函数中可以同时包含位置参数、默认参数、关键字参数和可变参数。

6.4 函数返回值

有时候不需要在函数内部输出结果，而是需要返回一些数据。在函数中使用 return 语句实现返回并跳出函数。

【案例 6-8】给定若干个数，获取最大值。

案例代码如下：

```
def max(*nums):
    result=nums[0]
    for num in nums:
        if result<num:
            result=num
    return result
max1=max(10,20,19,65,43)
print(max1)
```

运行上面代码，结果如下：

```
65
```

上面代码中，使用 return 返回一个结果值。那如何返回最大值、最小值、平均值等多个值呢？

【案例 6-9】给定若干个数，获取最大值、最小值和平均值。

案例代码如下：

```
def compute(*nums):
    max=nums[0]
    min=nums[0]
    sum=0
    count=len(nums)
    for num in nums:
        if max<num:
            max=num
        if min>num:
            min=num
        sum+=num
    return max,min,int(sum/count)
print(compute(10,20,19,65,43))
```

运行上面的代码，结果如下：

```
(65, 10, 31)
```

从运行结果可以看出，使用 return 返回多个值，会将多个值保存为元组。

若函数中有多个 return 语句，当执行第一个 return 语句时返回并退出程序。案例代码如下：

```
def test(num):
    if num%2==0:
        return "偶数"
    elif num%2==1:
```

```
            return "奇数"
        else:
            return "不是整数"
    print("函数结束!")
    return "返回"
print(test(10))
print(test(9))
print(test(7.8))
```
运行上面代码，结果如下：

```
偶数
奇数
不是整数
```

从运行结果看出，代码中有 4 个 return 语句，执行时先遇到哪个，便执行哪个 return 语句，并退出函数，函数下面的代码段不会被执行了。

6.5 变量作用域

变量作用域指的是程序在运行过程中，变量可被访问的范围。根据变量作用域可以将变量分为全局变量和局部变量。

6.5.1 局部变量

在函数内部定义的变量称为局部变量。局部变量有效范围在函数内部，函数执行结束后，局部变量便会被释放，无法再继续访问。下面是局部变量案例代码。

```
x=100
y=200
def test():
    a=10
    b=20
    print("a 的值是:",a)
    print("b 的值是:",b)
test()
```
在上面的案例中，a 和 b 是在函数内部定义的变量，因此 a 和 b 是局部变量。x 和 y 是函数外部定义的，因此不是局部变量。若在函数外部访问 a 和 b，会抛出异常。

执行上面的代码，结果如下：

```
Traceback (most recent call last):
  File "E:\pythonbook\chap6\demo0.py", line 8, in <module>
    print("a的值是: ",a)
NameError: name 'a' is not defined
```

在不同的函数中可以使用同名的局部变量，而且不会互相影响。案例代码如下：

```
def test1():
    a=10
    b=20
    print("test1 中 a 的值是:",a)
def test2():
    a=200
    c=20
```

```
        print("test2 中 a 的值是:",a)
test1()
test2()
```
上面代码的 test1 函数中使用了 a 变量,值为 10,在 test2 函数中使用了 a 变量,值为 200。这两个 a 是两个不同的变量,它们在当前函数内部都是有效的。运行上面代码,结果如下:

```
test1中a的值是:  10
test2中a的值是:  200
```

6.5.2 全局变量

在上面代码中,x 和 y 都是在函数外定义的变量,它们是全局变量,有效范围是从定义的位置开始到程序结束。所有函数均可访问全局变量。全局变量案例代码如下:

```
x=100
def test():
        print("在函数内部访问 x,值为:",x)
test()
print("在函数外部访问 x,值为:",x)
```
上面代码中,x 是全局变量,因此可以在函数内部访问,也可以在函数外部访问,运行结果如下:

```
在函数内部访问x,值为:  100
在函数外部访问x,值为:  100
```

全局变量可以随意访问,但是不能试图在函数内部修改全局变量,否则会抛出异常,案例代码如下:

```
x=100
def test():
        print("x 的值为:",x)
        x=200
test()
```
运行上面代码,结果如下:

```
Traceback (most recent call last):
  File "E:\pythonbook\chap6\demo0.py", line 31, in <module>
    test()
  File "E:\pythonbook\chap6\demo0.py", line 28, in test
    print("x的值为: ",x)
UnboundLocalError: local variable 'x' referenced before assignment
```

如果将 x=200 放在 print 语句前面的话,能够正常运行,代码如下:

```
x=100
def test():
        x=200
        print("局部变量 x 的值为:",x)
test()
print("全局变量 x 的值为:",x)
```
运行结果如下:

```
局部变量x的值为:  200
全局变量x的值为:  100
```

上面代码为什么没有报错呢？是因为 test 里的 x 是新建的局部变量，只是名字和全局变量相同，函数调用时输出的 x 是局部变量，其值是 200，而外部输出的 x 是全局变量，其值为 100。

6.5.3 global 和 nonlocal

根据上一节内容，我们了解到，若在函数内部试图修改全局变量，会有两种结果：抛出异常或新建一个同名的局部变量。如果确实想要在函数内部修改全局变量，可以使用 global 关键字和 nonlocal 关键字。

（1）global 关键字

如果想要在函数内部修改全局变量，在函数内部可以使用 global 关键字声明变量，表明该变量是函数外部定义的全局变量，格式如下：

global 变量

global 声明全局变量的案例代码如下：

```
x=100
def test():
    global x
    x=200
    print("函数内部的 x 值为：",x)
test()
print("函数外部的 x 值为：",x)
```

在 test 函数内部，使用 global 声明了全局变量 x，在函数内部，修改了全局变量 x 的值，运行结果如下：

```
函数内部的x值为： 200
函数外部的x值为： 200
```

从运行结果可以看出，在函数内部和函数外部输出的 x 均是修改后的值 200。

在编程时，尽量避免使用 global 声明全局变量，它会使得程序可读性差。

（2）nonlocal 关键字

一个函数内部定义另一个函数，称为函数嵌套。若想要在内部函数中调用外层函数的变量，可以使用 nonlocal 关键字，表示该变量是外层函数的变量。格式如下：

nonlocal 变量

nonlocal 也可以同时指定多个变量。nonlocal 关键字案例代码如下：

```
def outer():
    price=35
    def inner():
        nonlocal price
        price=41
        print("inner 函数中输出 price:",price)
    inner()
    print("outer 函数中输出 price:",price)
outer()
```

上面代码中，定义了 outer 函数，outer 函数内部定义了 inner 函数。outer 函数中有局部变量 price，由于在 inner 函数中，使用 nonlocal 指定了 price，因此该 price 便为外层函数的 price，在 inner 和 outer 中输出的 price 的结果是相同的，运行结果如下：

```
inner函数中输出price： 41
outer函数中输出price： 41
```

6.6 递归函数

一个函数在函数体内直接或间接调用自己称为递归函数。递归函数有递推和回溯两个过程。递推过程是将一个复杂的大问题分成过程类似的小问题,而回溯过程是在递推的基础上,从最后的简单小问题开始,结合上一层的输入,一步步向上一层,最后解决最初的复杂问题。

每个递归函数都应该进行有限次的递归调用,否则递归调用不会终止,不能退出。想要使用递归函数解决问题,需要满足以下两个条件:

① 结束条件:当满足结束条件时递归调用不再继续。

② 递推关系:将复杂问题分解成过程类似的、具有递推关系的小问题。

递归函数的常用格式如下:

```
def 函数名([参数列表]):
    if 结束条件:
        return 结果
    else:
        return 递归关系
```

下面以求 n 的阶乘为案例讲解递归函数过程。当 n>1 时,n!=n * (n-1)!,当 n==1 时,n! =1。因此满足使用递归调用的两个条件:结束条件和递归关系。

递推过程:

- 计算 n!:当 n>1 时,n!=n * (n-1)!
- 计算(n-1)!:当(n-1)>1 时,(n-1)!=(n-1) * (n-2)!
- ……
- 计算 2!:2! =2 * 1!
- 计算 1!:1! =1

回溯过程:

- 1! =1
- 已计算出 1!,因此 2! =2 * 1!
- ……
- 已计算出(n-2)!,因此(n-1)!=(n-1) * (n-2)!
- 已计算出(n-1)!,因此 n!=n * (n-1)!

【案例 6-10】使用递归函数求 n 的阶乘。

案例代码如下:

```
def factorail(n):
    if n==1:
        return 1
    else:
        return n*factorail(n-1)
print(factorail(5))
```

运行上面代码,结果如下:

```
120
```

【案例 6-11】使用递归函数,求 n1、n2 的最大公约数。

① 当 n1%n2==0 时,n2 便是最大公约数,计算结束。

② 当 n1%n2!=0 时,使用 n2 代替 n1,n1%n2 的结果代替 n2。继续计算新的 n1%n2 的结果,若结果为 0,则跳转①,若结果不是 0,则继续执行第②步。

根据上面的分析,编写案例代码如下:
```
def gcd(n1,n2):
    if n2==0:
        return n1
    else:
        return gcd(n2,n1%n2)
print(gcd(20,14))
```
运行上面的代码,结果如下:
```
2
```

6.7 匿名函数

前面章节讲到的函数均使用 def 定义函数,每个函数都有函数名。匿名函数是指不需要定义标识符的函数。Python 中使用 lambda 关键字创建匿名函数。使用 lambda 创建匿名函数的格式如下:

lambda [参数列表]:表达式

lambda 可以接收多个参数,最后返回表达式的值。lambda 是一个表达式,可以将表达式结果赋给变量。使用 lambda 可以简化函数声明,但是也只能实现简单的逻辑,如果逻辑复杂且代码较多,则不建议使用 lambda。在非多次函数调用情况下,lambda 简单而性能较高。

【案例 6-12】求两个数的和。

案例代码如下:
```
add=lambda x,y:x+y
print(add(10,20))
print(add(100,5))
```
在第一行的 lambda 表达式中,有两个形参 x 和 y,返回 x+y。相当于下面代码:
```
def add(x,y):
    return x+y
```
运行上面程序,结果如下:
```
30
105
```

6.8 高阶函数

高阶函数是指一个函数可以用来接收另一个函数作为参数。在 Python 中常用的高阶函数有 map()函数和 filter()函数等。

6.8.1 map()函数

map()函数会根据给定的函数,对指定的序列进行映射。map()函数格式如下:

map(函数名,序列)

map()函数中有两个参数,第一个参数是函数名,第二个参数是序列。map()函数将序列中的数据作为参数依次传给函数执行,返回值是一个迭代器。

【案例 6-13】将多个商品价格改成 9 折。

案例代码如下:
```
def discout(x):
    return round(x*0.9,2)
```

```python
price=[67,54,73,60,100]
price_new=map(discout,price)
print("原价:",price)
print("折后价格",list(price_new))
```

在上面代码中,map 函数的第一个参数为 discount()函数,第二个参数是一个列表。调用 map 函数时,会依次将 price 列表中的数据传给 discount()函数,计算 9 折的价格,最后生成一个由计算后的新值组成的迭代器。运行效果如下:

```
原价: [67, 54, 73, 60, 100]
折后价格 [60.3, 48.6, 65.7, 54.0, 90.0]
```

也可以使用 lambda 代替上面的 discount()函数,代码如下:

```python
price=[67,54,73,60,100]
price_new=map(lambda x:round(x*0.9,2),price)
print("原价:",price)
print("折后价格",list(price_new))
```

运行效果与【案例 6-13】相同,结果如下:

```
原价: [67, 54, 73, 60, 100]
折后价格 [60.3, 48.6, 65.7, 54.0, 90.0]
```

6.8.2　filter()函数

filter()函数是一个过滤器,可以从多个数据中提取有用的数据。fiter()函数格式如下:

filter(函数名,序列)

filter()函数包含两个参数,第一个参数是函数名,第二个参数是序列。Filter()函数会将序列中的元素依次传给函数进行判断,若返回真,则将该元素放到新的迭代器中。最后返回一个迭代器,迭代器中的所有元素均为满足条件的元素。

【案例 6-14】打印输出列表中的大写字母。

案例代码如下:

```python
words="abcDsUZ87P"
words_new=filter(lambda x:x.isupper(),words)
print(list(words_new))
```

代码中 filter()方法中第一个参数是 lambda 表达式,第二个参数是字符串。调用 filter()方法时,会将 words 中的字符依次传给 lambda 表达式,并进行判断,如果是大写字母则返回真,添加到 words_new 中。最后通过 list()方法将迭代器转换为列表,代码运行效果如下:

```
['D', 'U', 'Z', 'P']
```

6.9　[项目训练 1]汉诺塔

有三根相邻的柱子,标号为 A,B,C,A 柱子上从下到上按金字塔状叠放着 n 个不同大小的圆盘,要把所有盘子一个一个移动到柱子 C 上,并且每次移动同一根柱子上都不能出现大盘子在小盘子上方。

(1) 项目目标

- 熟练掌握函数定义;
- 熟练掌握递归函数。

（2）项目分析

想要将 n 个圆盘从 A 柱子移动到 C 柱子，可以将问题分解为以下步骤：
① 将上面 n-1 个盘子从 A 柱子移动到 B 柱子上，确保大盘子在下小盘子在上；
② 将第 n 个盘子从 A 柱子移动到 C 柱子上；
③ 将 B 柱子上 n-1 个盘子移动到 C 柱子上。
在上述步骤中，我们再继续分解第①步骤和第③步骤。
解决第①步骤：将 n-1 个盘子从 A 柱子移动到 B 柱子：
① 将前 n-2 个盘子从 A 移动到 C 上；
② 将第 n-1 个盘子从 A 移动到 B 上；
③ 将 n-2 盘子从 C 移动到 B 上。
解决第③步骤：将 n-1 个盘子从 B 柱子移动到 C 柱子：
① 将前 n-2 个盘子从 B 柱子移动到 A 柱子；
② 将第 n-1 个盘子从 B 柱子移动到 C 柱子；
③ 将 n-2 盘子从 A 柱子移动到 C 柱子。
从上面的分析可以看到，汉诺塔的拆解过程满足递归算法条件：
① 结束条件：当 n==1 时，直接可以将 A 柱子上的盘子移动到 C 柱子，游戏结束。
② 递归关系：当 n＞1 时，将 n 个盘子从 A 移动到 C 时，将其分解成第 n 个盘子和前 n-1 个盘子再进行移动。

假设 hanoi(n, a, b, c) 是借助 b，将 n 个盘子从 a 移动到 c，则可以分解为：
① hanoi(n-1, a, c, b)：借助 c，将 n-1 个盘子从 a 柱子移动到 b 柱子；
② a→c：将第 n 个盘子从 a 移动到 c；
③ hanoi(n-1, b, a, c)：借助 a，将 n-1 个盘子从 b 柱子移动到 c 柱子。

（3）项目代码

```
def hanoi(n,a,b,c):
    if n==1:
        print(a,'-->',c)
    else:
        hanoi(n-1,a,c,b)
        print(a,'-->',c)
        hanoi(n-1,b,a,c)
n=int(input("请输入汉诺塔层数:"))
hanoi(n,'A','B','C')
```

（4）项目测试

用户输入 3，将 3 层盘子从 a 柱子移动到 c 柱子的步骤如下：

```
请输入汉诺塔层数:3
A --> C
A --> B
C --> B
A --> C
B --> A
B --> C
A --> C
```

6.10 [项目训练 2]员工管理系统

采用计算机对公司员工进行管理，能进一步提高公司现代化水平。使用人事管理系统能够快速并准确地录入、修改、删除和查询员工信息，更好地掌握每个员工的信息，便于管理。

（1）项目目标

- 掌握函数定义；
- 掌握函数应用。

（2）项目分析

员工管理系统中包含员工的工号、姓名、性别、出生日期、联系方式等信息。员工信息可以用字典表示。

根据用户的输入，完成相应的操作：

- 用户输入"1"：添加员工信息；
- 用户输入"2"：修改员工信息；
- 用户输入"3"：删除员工信息；
- 用户输入"4"：查询所有员工信息；
- 用户输入"5"：查询单个员工信息；
- 用户输入"0"：退出系统。

（3）项目代码

① 创建用工字典，代码如下：

```
staff_dict={}
```

② 显示菜单。

创建 show_menu()函数，该函数显示所有菜单，用户可根据菜单选择相应操作，代码如下：

```
def show_menu():
    print("欢迎光临员工管理系统!")
    print("添加员工信息请输入 1")
    print("修改员工信息请输入 2")
    print("删除员工信息请输入 3")
    print("查询所有员工信息请输入 4")
    print("查询单个员工信息请输入 5")
    print("退出请输入 0")
```

③ 判断 id 是否在员工系统。添加员工信息、修改员工信息前都要判断该员工 id 是否存在。创建 contain()方法判断 id 是否在员工列表中，若在列表中，返回该员工索引值，否则返回-1，代码如下：

```
def contain(id):
    for staff in staff_list:
        if id==staff['id']:
            return staff_list.index(staff)
    return-1
```

④ 添加员工信息。创建 add_staff()函数添加员工信息。该函数中要获取员工工号,判断该工号是否在系统中。若不在系统中,则获取姓名、性别、出生日期、联系方式,并添加到系统中。若在系统中已有该工号则重新选择操作。代码如下:

```
def add_staff():
    staff={}
    id=input("请输入工号:")
    if contain(id) !=-1:
        print("该员工已在系统中!")
    else:
        name=input("请输入姓名:")
        gender=input("请输入性别:")
        birth=input("请输入出生日期:")
        phone=input("请输入联系方式:")
        staff['id']=id
        staff['name']=name
        staff['gender']=gender
        staff['birth']=birth
        staff['phone']=phone
        staff_list.append(staff)
        print("已添加员工信息!")
```

⑤ 修改员工信息。创建 modify_staff()方法修改员工信息。首先获取员工 id,若在系统中,则获取姓名、性别、出生日期、联系方式,并进行修改。若没有该 id 号,则重新选择操作,代码如下:

```
def modify_staff():
    id=input("请输入工号:")
    index=contain(id)
    if index>=0:
        name=input("请输入姓名:")
        gender=input("请输入性别:")
        birth=input("请输入出生日期:")
        phone=input("请输入联系方式:")
        staff_list[index]['name']=name
        staff_list[index]['gender']=gender
        staff_list[index]['birth']=birth
        staff_list[index]['phone']=phone
        print("已修改员工信息!")
    else:
        print("系统中没有该员工!")
```

⑥ 删除员工信息。创建 del_staff()函数删除员工信息,首先获取要删除的员工 id,若该 id 在系统中,则删除该员工信息,否则让用户重新选择操作。

```
def del_staff():
    id=input("请输入工号:")
    index=contain(id)
    if index==-1:
        print("系统中没有该员工!")
    else:
        del staff_list[index]
        print("已删除员工信息!")
```

⑦ 查询所有员工信息。创建 show_all()方法,查询所有员工信息。首先遍历集合,再遍历集合中的值,代码如下:

```
def show_all():
    print("员工号\t 姓名\t 性别\t 出生日期\t 联系方式")
    for staff in staff_list:
```

```python
        for value in staff.values():
            print(value,end='\t\t')
        print()
```

⑧ 查询单个员工信息。创建 show_staff()函数，查询个人信息。首先获取要查询的员工 id，根据 id 查询个人信息，代码如下：

```python
def show_staff():
    id=input("请输入工号:")
    index=contain(id)
    if index !=-1:
        print("员工号\t姓名\t性别\t出生日期\t联系方式")
        for value in staff_list[index].values():
            print(value,end='\t\t')
        print()
    else:
        print("系统中没有该员工!")
```

⑨ 主函数。创建主函数 main()，控制员工管理系统的流程。在用户退出前可以一直操作该系统，因此使用了无限循环语句，只有用户输入退出编号时，才能退出系统。在循环结构中，首先显示菜单信息，之后接收用户想要完成的操作编号，使用 if-elif-else 语句，根据用户选择的编号，完成对应的操作。代码如下：

```python
def main():
    while True:
        show_menu()
        key=input("请选择操作:")
        if key=='1':
            add_staff()
        elif key=='2':
            modify_staff()
        elif key=='3':
            del_staff()
        elif key=='4':
            show_all()
        elif key=='5':
            show_staff()
        elif key=='0':
            break
        else:
            print("您输入的操作有误!")
```

⑩ 执行主函数。代码如下：

```python
main()
```

（4）代码测试

① 执行代码，首先显示菜单页面，结果如下：

```
欢迎光临员工管理系统!
请选择操作: 1
请输入工号: 1001
该员工已在系统中!
查询单个员工信息请输入5
退出请输入0
```

② 执行添加操作，结果如下：

```
请选择操作：1
请输入工号：1001
请输入姓名：李瑞
请输入性别：男
请输入出生日期：1997-8-1
请输入联系方式：1381111XXXX
已添加员工信息！
```

③ 执行查询所有操作，结果如下：

```
请选择操作：4
员工号    姓名  性别  出生日期    联系方式
1001      李瑞   男    1997-8-1    1381111XXXX
1002      王好   女    1993-1-4    1301111XXXX
```

④ 执行修改操作，结果如下：

```
请选择操作：2
请输入工号：1002
请输入姓名：王好
请输入性别：女
请输入出生日期：1993-1-4
请输入联系方式：1365555XXXX
已修改员工信息！
```

⑤ 查询个人信息，结果如下：

```
请选择操作：2
请输入工号：1003
系统中没有该员工！
```

```
请选择操作：5
请输入工号：1002
员工号    姓名  性别  出生日期    联系方式
1002      王好   女    1993-1-4    1365555XXXX
```

```
请选择操作：5
请输入工号：1006
系统中没有该员工！
```

⑥ 选择错误的操作编号，结果如下：

```
请选择操作：8
您输入的操作有误！
```

⑦ 退出系统，结果如下：

```
请选择操作：0
退出员工管理系统！
```

习 题

一、选择题

1. 函数的特点包括（　　）。
   A. 提高代码模块性　　　　　　B. 降低代码冗余度
   C. 使程序结构清晰　　　　　　D. 易于维护和扩展
2. 关于函数的形参与实参说法，错误的是（　　）。
   A. 声明函数时的参数称为形参　　B. 调用函数时的参数称为实参
   C. 形参没有具体的值　　　　　　D. 实参没有具体的值
3. 高阶函数是指一个函数可以用来接收另一个函数作为参数，map( )函数是一个高阶函数，其功能是（　　）。
   A. 是一个过滤器，可以从多个数据中提取有用的数据
   B. 会根据给定的函数，对指定的序列进行影射
   C. 将一个可迭代对象中的元素依次进行某种操作，并返回最终的结果
   D. 遍历可迭代对象的元素
4. 下面关于函数说法错误的是（　　）。
   A. 函数以 def 关键字开始
   B. 函数名后面是形参列表，使用小括弧括起来
   C. 函数体是实现函数的代码段，需要缩进
   D. 函数必须有 return 语句
5. Python 中提供了（　　），即调用函数时明确指定形参的名称，参数之间不存在先后顺序。
   A. 关键字参数　　　　　　　　B. 默认参数
   C. 可变参数　　　　　　　　　D. 形参

二、填空题

1. _____是可重复使用的程序代码段。
2. 在 Python 中使用_____关键字声明函数。
3. 在函数中使用_____语句实现返回并跳出函数。
4. 一个函数在函数体内直接或间接调用自己称为_____。
5. 在声明函数时可以使用可变参数。可变参数有两种格式，分别是_____和_____。

三、编程题

1. 声明函数：判断输入的年份是否是闰年。
2. 声明函数：对列表中的数据进行排序。

第 7 章 类和对象

面向过程和面向对象是两种不同的编程思想。面向过程编程思想核心是过程，面向对象编程思想核心是对象。

传统的编程思想，即面向过程编程思想，是将一个大问题分解成若干个模块或流程，再一步一步完成每个模块或流程，特点是模块化、流程化编程，缺点是可维护性、复用性差。C 语言编程思想便是面向过程的编程思想。例如对于将大象放到冰箱的问题，使用面向过程编程思想，可分成 3 个模块：

① 打开冰箱的门；
② 把大象放进冰箱；
③ 关闭冰箱的门。

面向对象编程思想和人的思维是类似的，将一切事物都看成是一个整体（对象），每个事物都有自己的特征和行为。解决问题时，首先分析问题，分解出多个对象，再通过不同对象之间的联系来解决问题。例如依然是将大象放到冰箱问题，使用面向对象编程思想解决该问题：

① 首先思考这个问题里都有哪些事物：冰箱和大象。
② 思考冰箱和大象都有哪些特征和行为：冰箱有开门、关门行为；大象有进入冰箱的行为。
③ 使用大象和冰箱的行为解决问题。

本章主要涉及的知识点有：

- 面向对象编程思想；
- 对象和类的概念；
- 面向对象三大特征：封装、继承和多态；
- 类和对象的创建以及应用。

7.1 面向对象概述

7.1.1 对象

客观世界中任何有形的、无形的事物都可以看成是对象，即万物皆是对象。例如一栋楼、一个人、一支笔、一个账号、一本书、一个计划等都是对象。每个对象都是由属性和行为组成的。属性描述对象的静态信息，行为描述对象的动态信息。例如一个人的属性有：姓名、年龄、性别、身高、体重等，行为有：吃饭、睡觉、喝水、活动等。在程序中，对象便是数据和方法的封装，数据是用来描述属性，方法是用来描述行为。

7.1.2 类

客观世界中有很多属性和行为相同的事物,如一个学校里张三同学有学号、姓名、年龄、班级等属性,有上课、学习、活动等行为,李四同学也有这些属性和行为,其他同学也有这些属性和行为,那么便可以将这些同学统称为学生,他们具有相同的属性和行为。在面向对象中将属性和行为相同的对象可以抽象成类,即类是具有相同属性和行为的对象的抽象。类为属于该类型的全部对象提供了统一的抽象描述,即属性和行为的抽象描述。

7.1.3 面向对象特性

面向对象编程思想有三个基本特征:封装、继承和多态。使用面向对象编程思想开发系统可降低耦合度、提升灵活性、提高可扩展性、易于维护。

（1）封装

封装是客观事物的特征和行为结合在一个独立的整体内,形成一个不可分割的独立体。通过封装可以隐藏对象的内部细节,只允许内部访问或可信的对象访问,与外部的关联只能通过外部接口实现。封装特性可以防止外部程序破坏对象内部数据,同时便于操作、修改和维护。

现实生活中有很多封装的案例,如手机,将手机芯片、内存、电池、连接线等都封装到手机里,外部只保留屏幕、按键和各种接口。我们在使用手机时不用考虑内部怎么实现其功能,简化了用户的操作,同时使用手机壳将硬件封装后,用户不能随意碰触或破坏这些硬件,起到了保护的作用。

（2）继承

继承是一种能够重用的层次模型。继承意味着下一层类自动地拥有上一层类的特征和行为,同时还可以建立自己独有的特征和行为,同时这个类还可以继续有下一层类来继承它。继承性实现了代码复用,提升了开发效率,提高了可扩展性和可维护性。

（3）多态

多态就是多种形态。客观世界中有很多多态的表现,例如打印机有打印的功能行为,但是彩色打印机打印出的效果是彩色的,黑白打印机打印出的效果是黑白的。在面向对象编程思想中,多态是指不同的对象收到相同的消息时产生不同的结果。多态性提高了程序的灵活性和可扩展性。

7.2 创建类与对象

在 Python 中,类是用来描述具有相同属性和方法的对象的集合。类定义了该集合中所有对象共有的属性和方法。而对象是类的实例。

7.2.1 定义类

类是由属性和方法两个部分组成的,类的语法格式如下:

```
class 类名:
    属性
    方法
```

类是以 class 关键字开始的；类名必须符合标识符命名规则，建议首字母大写，采用驼峰命名方式；类名后面的":"表示类体的开始；类是由多个属性和多个方法组成的；属性可以是任意数据类型；方法定义时，第一个参数为 self，代表当前对象。

【案例 7-1】创建学生类。

假设学生有 1 个属性：年级，有 2 个方法：学习和考试。案例代码如下：

```
class Student:
    grade="1 年级"
    def sduty(self):
        print("学生要学习!")
    def exam(self):
        print("学生要考试!")
```

7.2.2 创建对象

类是抽象的，若要使用类，便要创建对象。对象创建好后就可以使用该对象完成相应的操作。创建对象的语法格式如下：

对象名=类名()

对象名要符合标识符命名规范。下面创建【案例 7-1】中定义的类的对象，案例代码如下：

```
stu1=Student()
stu2=Student()
```

上面案例中创建了 Student 类的两个实例对象 stu1 和 stu2。对象创建好以后，通过"."访问对象的属性和行为，语法格式如下：

对象名.属性

对象名.方法名(参数列表)

使用 stu1 和 stu2 访问【案例 7-1】中的方法，案例代码如下：

```
print("stu1 访问方法:")
stu1.sduty()
stu1.exam()
print("stu2 访问方法:")
stu2.sduty()
stu2.exam()
```

运行上述代码，结果如下：

```
stu1访问方法:
学生要学习!
学生要考试!
stu2访问方法:
学生要学习!
学生要考试!
```

7.3 类的成员

7.3.1 属性

属性是用来描述类的静态信息，是用数据来描述的。Python 中属性可以分为实例属性和类属性。

（1）实例属性

实例属性是通过"self.属性"或"实例.属性"定义的。每个对象的实例属性都是相互独立的，互相不影响。下面我们介绍定义实例属性、访问实例属性和修改实例属性。

① 定义实例属性。类的实例属性既可以在类的内部定义，也可以在类的外部定义。类的内部是在方法体内通过"self.属性"定义的，在类的外部是通过"实例对象.属性"定义的。

第一种方法：在__init__方法中初始化实例属性。

通常会在构造函数__init__方法中初始化，格式如下：

self.属性=初始值

实例属性初始化后便通过"slef.属性"访问该实例属性。在7.3.3节中会详细介绍构造方法。

【案例7-2】在案例7-1的Student类中添加实例属性，并创建对象访问该属性。

在Student类中添加4个实例属性：学号、姓名、年龄和性别，案例代码如下：

```
class Student:
    def __init__(self,num,name,age,gender):
        self.num=num
        self.name=name
        self.age=age
        self.gender=gender
```

在上面的案例代码中，Student类在__init__方法中初始化了4个成员属性，分别是"self.num""self.name""self.age"和"self.gender"，而__init__方法的参数"num""name""age"和"gender"这4个没有"self"的变量是普通的局部变量。

第二种方法：在方法中定义实例属性。

在类的方法中定义类属性和在__init__方法中定义的格式是相同的。案例代码如下：

```
class Animal:
    def set(self,name,age):
        self.name=name
        self.age=age
```

在上面的案例中，Animal类中的set方法定义了两个实例属性，分别是"self.name"和"self.age"，创建好实例属性后便可以在类中或者在类的外部进行访问。

第三种方法：在类的外部动态添加实例属性。

除了在类的内部定义实例属性，也可以在类的外部动态添加实例属性，格式如下：

实例对象.属性=初始值

在案例7-2中Student类创建好后，在类的外部添加"专业"属性，代码如下：

```
stu1=Student("1001","王强",20,"男")
stu1.major="计算机应用技术专业"
```

上面的代码段中，首先创建了Student类的实例对象stu1，之后为stu1动态添加了major属性。

② 访问和修改实例属性。创建了实例属性后，便可以在类的内部或外部访问。在类的内部使用"slef"访问，格式如下：

self.属性

在类的外面使用实例对象访问实例属性，格式如下：

实例对象.属性

访问案例7-2 Student类中添加show方法显示学生信息，案例代码如下：

```
def show(self):
    print("学号为：",self.num,end="\t")
```

```
        print("姓名为:",self.name,end="\t")
        print("年龄为:",self.age,end="\t")
        print("性别为:",self.gender)
```
在上面代码的 show 方法中,使用 self 访问了 Student 类的 4 个实例属性。下面创建 Student 类的实例对象,并调用 show 方法,代码如下:

```
stu1=Student("1001","王强",20,"男")
stu2=Student("1002","苏娜",19,"女")
print("sut1的信息:")
stu1.show()
print("sut2的信息:")
stu2.show()
```
运行上面代码,结果如下:

```
sut1的信息:
学号为: 1001      姓名为: 王强  年龄为: 20      性别为: 男
sut2的信息:
学号为: 1002      姓名为: 苏娜  年龄为: 19      性别为: 女
```

若想在类的外部直接访问 Animal 类的实例属性,使用实例对象调用。在 Animal 类的外部添加以下代码:

```
cat1=Animal()
cat1.set("折耳猫",2)
print("动物名称为:",cat1.name,end="\t")
print("动物年龄为:",cat1.age)
```
运行上面代码,结果如下:

```
动物名称为: 折耳猫    动物年龄为: 2
```

③ 修改实例属性。实例属性创建好后,可以通过实例对象修改。例如在上面案例中的动物年龄改为 3,代码如下:

```
cat1.age=3
print("动物名称为:",cat1.name,end="\t")
print("动物年龄为:",cat1.age)
```
运行上面代码,结果如下:

```
动物名称为: 折耳猫    动物年龄为: 3
```

（2）类属性

类属性是类的所有实例对象共享的属性,并不单独属于某个实例对象。类属性即可定义在类的内部,也可以定义在类的外部。

定义在类的内部格式如下:

类属性=初始值

定义在类外部,格式如下:

类名.类属性=初始值

创建了类属性后,可以使用对象访问类属性,也可以使用类访问类属性。由于类属性是所有实例对象共享的,因此通过类修改类属性后,所有实例对象的类属性均发生变化。访问类属性格式如下:

类名.类属性

【案例 7-3】给 Student 类添加学校地址属性。

一所学校里各个学生的学校地址是相同的,因此将学校地址设为类属性,案例代码如下:

```python
class Student:
    schoolAddress="北京市朝阳区"
stu1=Student()
stu2=Student()
print("stu1的学校地址:",stu1.schoolAddress)
print("stu2的学校地址:",stu2.schoolAddress)
print("Student类的学校地址:",Student.schoolAddress)
Student.school_address="北京市海淀区"
print("修改后的学校地址:")
print("stu1的学校地址:",stu1.schoolAddress)
print("stu2的学校地址:",stu2.schoolAddress)
print("Student的学校地址:",Student.schoolAddress)
```

运行上面代码，结果如下：

```
stu1的学校地址：  北京市朝阳区
stu2的学校地址：  北京市朝阳区
Student类的学校地址：  北京市朝阳区
修改后的学校地址：
stu1的学校地址：  北京市海淀区
stu2的学校地址：  北京市海淀区
Student的学校地址：  北京市海淀区
```

从运行结果看到，类属性 school_address 是所有实例对象共享的属性，既可以使用实例对象 stu1 和 stu2 调用，也可以使用类 Student 调用，结果都是相同的。当修改 stu1 的 school_address 值时，所有 Student 类对象的该属性值都被修改了。

（3）私有属性与公有属性

在上面的案例中创建的属性都是共有属性，可以在类的外面随意访问。如果希望提高安全性，不允许在类的外部随意访问属性，则可以将属性设为私有属性。设置私有属性时，在属性前面加两个下划线，格式如下：

＿＿属性名

在类的外部不能随意访问类的私有属性，因此可以在类中添加修改和访问私有属性的方法。比如修改案例 7-3 中的 school_address 为私有属性，案例代码如下：

```python
class Student:
    __schoolAddress="北京市朝阳区"
    def setSchoolAddress(self,schoolAddress):
        self.__schoolAddress=schoolAddress
    def getSchoolAddress(self):
        return self.__schoolAddress
stu1=Student()
print(stu1.getSchoolAddress())
stu1.setSchoolAddress("北京市海淀区")
print(stu1.getSchoolAddress())
```

上面代码中，在 schoolAddress 前添加了"__"，因此它变成了私有成员。在类中添加了 getSchoolAddress 方法获取其值，添加了 setSchoolAddress 方法修改值。运行代码结果如下：

```
北京市朝阳区
北京市海淀区
```

如果视图在类的外面访问私有成员，则会报错，案例代码如下：

```
print(stu1.__schoolAddress)
```
运行结果如下：

```
Traceback (most recent call last):
  File "E:\pythonbook\chap7\demo7.3.py", line 26, in <module>
    print(stu1.__schoolAddress)
AttributeError: 'Student' object has no attribute '__schoolAddress'
```

7.3.2 方法

方法也称为函数，是具有一定功能的。在 Python 中定义的类，有 3 种常用的方法，分别是实例方法、类方法和静态方法。下面详细介绍这三种方法。

（1）实例方法

所有类中定义的方法默认是实例方法。前面的 Student 中定义的 show 方法、getSchoolAddress 和 setSchoolAddress 方法都是实例方法。定义实例方法，第一个参数必须是 self，即对象本身。实例方法是对类的某一具体实例进行操作。因此实例方法只能通过实例对象访问。声明实例方法格式如下：

def 方法名(self,参数列表)
    方法体

声明了实例方法后，使用实例对象访问该方法，格式如下：

实例对象.实例方法(参数列表)

需要注意的是，声明实例方法时，第一个参数为 self，但是调用实例方法时不需要将 self 传递过去。Python 自动会将该当前对象传递过去。

【案例 7-4】创建一个 Person 类。

案例代码如下：

```
class Person:
    def speak(self,name):
        self.name=name
        print("您好!我叫",self.name)
p1=Person()
p1.speak("张三")
```

代码中创建了 Person 类，包含 1 个实例方法 speak。该方法的第一个参数便是 self。当 p1 对象调用 speak 时，sel 表示 p1 对象。运行上面代码，结果如下：

```
您好! 我叫 张三
```

实例方法只能使用实例对象访问，若使用类访问实例方法，便会报错。例如：

```
Person.speak("张三")
```

运行上面的代码，结果如下：

```
Traceback (most recent call last):
  File "E:\pythonbook\chap7\demo7.4.py", line 8, in <module>
    Person.speak("张三")
TypeError: speak() missing 1 required positional argument: 'name'
```

（2）类方法

类方法是类本身的方法，与具体某一个实例对象无关。声明类方法使用@classmethod 修饰，格式如下：
```
@classmethod
def 方法名(cls,参数列表)
    方法体
```
类方法的第一个参数必须是 cls，表示类本身。类方法不属于具体实例对象，因此不能包含与实例对象相关的信息。类方法一般通过类名访问，也可以使用实例对象访问。访问类方法的格式如下：

类名.类方法(参数列表)
实例对象.类方法(参数列表)

使用类或实例对象访问类方法时，不需要传递 cls 参数。Python 自动会将该类传递过去。

【案例 7-5】创建 Student 类。

假设为一个年级的学生定义 Student 类。每过一年，年级便会发生变化。年级和具体的某个学生对象无关，案例代码如下：

```python
class Student:
    grade="1 年级"
    @classmethod
    def setGrade(cls,grade):
        cls.grade=grade
    @classmethod
    def getGrade(cls):
        return cls.grade
s1=Student()
print(s1.getGrade())
Student.setGrade("2 年级")
print(s1.getGrade())
```

在代码中，声明了 1 个类属性 grade，2 个类方法 setGrade 和 getGrade。每个类方法中第一个参数便是 cls，表示类本身。运行上面代码，结果如下：

```
1年级
2年级
```

（3）静态方法

Python 也允许声明与类和实例对象均无关的方法，称为静态方法。静态方法使用 @staticmethod 修饰，格式如下：

```
@staticmethod
def 方法名(参数列表)
    方法体
```

在静态方法中没有任何默认参数。可以使用类或对象实例访问静态方法，格式如下：

类名.静态方法(参数列表)
实例对象.静态方法(参数列表)

静态方法不随对象和类的属性的改变而改变，常用来做一些简单独立的任务，既方便测试，也能优化代码结构。

【案例 7-6】在 Student 类中添加一个显示信息的静态方法。

案例代码如下：

```python
class Student:
    @staticmethod
    def show(info):
```

```
        print("相关信息:",info)
s1=Student()
s1.show("我是学生实例")
Student.show("我是学生类")
```
运行上面代码,结果如下:

```
相关信息:   我是学生实例
相关信息:   我是学生类
```

(4)私有方法与共有方法

在 Python 中,类的方法根据访问权限分为私有方法和共有方法。在方法名前面加两个下划线,且不以两个下划线结束的方法是私有方法,其他均是共有方法。声明私有方法格式如下:

```
def _ _方法名(self,参数列表)
    方法体
```

在类的外面不能随意访问私有方法,只有在类的内部可以访问。

【案例 7-7】将案例 7-4 中的 speak 方法设置为私有方法。

案例代码如下:

```
class Person:
    def _ _speak(self,name):
        self.name=name
        print("您好!我叫",self.name)
```

将 speak 设置为私有方法后,如果在类的外部访问,如下面代码,则会报错。

```
p1=Person()
p1._ _speak("张三")
```

运行上面代码,结果如下:

```
Traceback (most recent call last):
  File "E:\pythonbook\chap7\demo7.7.py", line 6, in <module>
    p1.__speak("张三")
AttributeError: 'Person' object has no attribute '__speak'
```

从上面结果可以看出,私有成员只能在类的内部访问。如果想在外面使用该方法,只能通过共有方法间接调用。

7.3.3 构造方法和析构方法

Python 中还有两个具有特殊用途的方法:构造方法和析构方法。构造方法在创建对象时调用,析构方法在销毁对象时调用。

(1)构造方法

Python 中,每个类都有构造方法,通过构造方法创建对象,完成对象的初始化工作。如果用户没有创建构造方法,系统会创建一个只包含 self 参数的默认构造方法,若用户已创建构造方法,便会覆盖系统的默认构造方法。定义构造方法使用__init__方法,格式如下:

```
def _ _init_ _(self,[参数列表])
    方法体
```

构造方法的第一个参数 self 表示对象本身。若有其他参数,则创建对象时要传入相应的参数,初始化对象的成员属性。

【案例 7-8】创建 Circle 类,并求出圆的面积和周长。

想求圆的周长和面积，必须要知道半径，因此可以设置一个属性，即半径，再设置两个方法，分别求面积和求周长。案例代码如下：

```
class Circle:
    pi=3.14
    def __init__(self,radius):
        self.radius=radius
    def circumference(self):
        return round(2*self.pi*self.radius,1)
    def area(self):
        return round(self.pi*pow(self.radius,2),1)
c1=Circle(10)
print("c1的周长为:",c1.circumference())
print("c1的面积为:",c1.area())
c2=Circle(20)
print("c2的周长为:",c2.circumference())
print("c2的面积为:",c2.area())
```

上面代码中，Circle 类设置了类属性 pi、实例属性 radius，以及两个实例方法，分别求面积和周长。在构造方法__init__中初始化了属性 radius。Circle 类创建好后，创建该类的两个对象 c1 和 c2，创建对象时调用了构造方法，将一个具体值传给 radius。运行上面代码的效果如下：

```
c1的周长为： 62.8
c1的面积为： 314.0
c2的周长为： 125.6
c2的面积为： 1256.0
```

（2）析构方法

在 Python 中，当删除一个对象类释放资源时，会自动调用析构方法__del__()。析构方法会在对象实例被销毁时自动触发。需要注意的是，对象销毁时触发析构方法，而不是析构方法销毁对象。那什么时候对象会被销毁呢？①当执行完程序；②使用 del 删除对象；③对象不再被引用。析构方法格式如下：

```
def __del__(self)
    方法体
```

【案例 7-9】在案例 7-8 的基础上，为 Circle 类声明一个析构方法。

案例代码如下：

```
class Circle:
    pi=3.14
    def __init__(self,radius):
        self.radius=radius
        print("对象被创建了!")
    def __del__(self):
        print("对象被销毁了!")
c1=Circle(10)
print(c1.radius)
del c1
print(c1.radius)
```

运行上面代码，结果如下：

```
对象被创建了!
10
对象被销毁了!
Traceback (most recent call last):
  File "E:\pythonbook\chap7\demo7.9.py", line 11, in <module>
    print(c1.radius)
NameError: name 'c1' is not defined
```

从运行结果看出,创建 c1 对象时,调用了构造方法__init__(),当使用 del 删除了 c1 时,系统自动调用了析构方法__del__(),这时再输出 c1 对象的内容时便会报错。

7.4 继承

Python 中,继承是子类继承了父类的特征和行为,使子类拥有了父类所共有特征和共有行为。若 B 类继承了 A 类,A 类是父类,也称为基类,B 类是子类,也称为派生类。

7.4.1 实现继承

Python 中支持单继承和多继承。下面我们将详细介绍两种继承方式。

(1)单继承

若一个子类只有一个父类,便称为单继承。单继承格式如下:

class 子类(父类):
  代码段

子类将继承父类,若在定义类时没有指定父类,则默认父类为 Object 类。Object 是所有类的父类。若在子类中调用父类的方法或属性,则使用 super()调用。

【案例 7-10】创建 Person 类、Student 类和 Teacher 类。

假设人有姓名、性别和年龄 3 个属性。而学生和老师也都是属于人类,也拥有姓名、性别和年龄。同时学生还有学号、专业等属性,老师还有职称、授课名称等属性,因此可以使用继承的方式创建 Student 和 Teacher 类。

首先创建 Person 类,案例代码如下:

```
class Person:
    def __init__(self,name,gender,age):
        self.name=name
        self.gender=gender
        self.age=age
    def showPerson(self):
        print("姓名为:",self.name,end='\t')
        print("性别为:",self.gender,end='\t')
        print("年龄为:",self.age)
```

之后再使用继承方式创建 Student 类,案例代码如下:

```
class Student(Person):
    def __init__(self,name,gender,age,sno,major):
        super().__init__(name,gender,age)
        self.sno=sno
        self.major=major
    def showStudnet(self):
        self.showPerson()
        print("学号为:",self.sno,end='\t')
```

```
            print("专业为:",self.major)
s1=Student("王强","男",20,"1001","计算机")
print("姓名为:",s1.name)
s1.showPerson()
s1.showStudnet()
```
在上面的代码中,Student 继承了 Person,因此 Student 类拥有了 Person 类的 name、gender 和 age 属性以及 showPerson()方法,除此之外,Student 类还有自己独特的 sno 和 major 属性以及 showStudent()方法。运行上面的代码,效果如下:

```
姓名为:     王强
姓名为:     王强  性别为:     男   年龄为:     20
姓名为:     王强  性别为:     男   年龄为:     20
学号为:     1001         专业为:     计算机
```

从运行结果看出,s1 对象可以访问父类的属性和方法。

值得注意的是,在 Student 的构造方法中有 5 个参数,前 3 个参数是传给 Person 的 name、gender 和 age。在子类中通过 super()或者父类名调用父类的__init__()方法来初始化父类的成员。格式如下:

super().__init__(参数列表)
父类名.__init__(self,参数列表)

需要注意的是:使用 super()调用构造方法时,没有 self 参数,而使用父类名访问构造方法时,第一个参数为 self。

Teacher 类的案例代码和 Student 类似,可以自行练习。

(2)多继承

Python 中支持多继承,多继承是指一个类有多个父类。多继承的格式如下:
class 子类(父类 1,父类 2,…):
        代码段
【案例 7-11】实现多继承。

案例代码如下:
```
class A:
    def showA(self):
        print("我是 A!")
class B:
    def showB(self):
        print("我是 B!")
class C(A,B):
    def showC(self):
        print("我是 C!")
c1=C()
c1.showA()
c1.showB()
c1.showC()
```
在上面的代码中,类 C 有两个父类,分别是 A 和 B。因此 C 类的实例 c1,不仅可以访问自己的 showC()方法,还可以访问 A 类的 showA()方法和 B 类的 showB()方法。运行代码,结果如下:

```
我是A!
我是B!
我是C!
```

7.4.2 方法重写

在案例 7-10 中，为了区分 Person 类的显示信息方法和 Student 类的显示信息的方法，分别命名 showPerson()方法和 showStudent()方法。它们都表示显示对象的信息，那么可以都命名 show()方法吗？答案是可以的。Python 中，子类和父类有相同名称的方法，称为方法重写，即子类重写了父类的方法。若子类中重写了父类的方法，则子类对象默认调用的是子类重写的方法。

【案例 7-12】修改案例 7-10，显示信息的方法使用方法重写。

案例代码如下：

```
class Person:
    def __init__(self,name,gender,age):
        self.name=name
        self.gender=gender
        self.age=age
    def show(self):
        print("姓名为:",self.name,end='\t')
        print("性别为:",self.gender,end='\t')
        print("年龄为:",self.age)
class Student(Person):
    def __init__(self,name,gender,age,sno,major):
        super().__init__(name,gender,age)
        self.sno=sno
        self.major=major
    def show(self):
        super().show()
        print("学号为:",self.sno,end='\t')
        print("专业为:",self.major)
s1=Student("王强","男",20,"1001","计算机")
s1.show()
```

父类 Person 中有 show()方法，子类 Student 中也有 show()方法，那么子类的 show()方法重写了父类的 show()方法，因此使用 s1 调用 show()方法时，调用的是 Student 类的 show()方法。在子类中想调用父类的 show()方法，则使用 super()调用父类的 show()方法。运行代码，结果如下：

```
姓名为: 王强    性别为: 男    年龄为: 20
学号为: 1001    专业为: 计算机
```

7.5 多态

多态是以不变应万变，同一种方法，表现出不同的行为。Python 中，多态性是指向同一个函数，传递不同对象时，产生不同的行为。

【案例 7-13】使用多态性求圆和长方形的面积。

案例代码如下：

```
class Circle:
    pi=3.14
    def __init__(self,r):
        self.r=r
```

```
        def area(self):
            result=self.pi*2*self.r
            print(f"半径为{self.r}的圆的面积:",round(result,1))
class Rectangle:
        def __init__(self,length,width):
            self.length=length
            self.width=width
        def area(self):
            result=self.length*self.width
            print(f"长为{self.length},宽为{self.width}的长方形面积:",round(result,1))
def area(obj):
    obj.area()
c1=Circle(10)
r1=Rectangle(10,20)
area(c1)
area(r1)
```

上面的案例中,在 area()方法中传递 c1 对象时,求取了圆的面积,传递了 r1 对象时,求取了长方形面积。同一个方法名称,传递不同对象,完成不同行为,即多态性的表现。运行代码,结果如下:

```
半径为10的圆的面积: 62.8
长为10,宽为20的长方形面积: 200
```

7.6 [项目训练]银行账户管理系统

在现代化的银行管理中,银行账户管理十分重要。本系统主要用于银行的储蓄卡管理,它可以帮助我们有效、准确地完成开户、登录、查询余额、存钱、取钱、转账、注销账户等操作。通过银行账户管理系统,能够使账户管理工作系统化、规范化、自动化。在使用本系统时,用户根据自己的需求选择相应的操作。本系统功能如下:

① 开户:在银行开户,需要输入姓名、身份证号、联系方式和密码;
② 登录:用户想要存取款等操作前,需要登录账号。

用户登录了以后可以完成以下操作:
③ 存钱:将指定的款项存到账号中;
④ 取钱:从账号中取出制定的款项,若余额不足提示信息;
⑤ 转账:将账号上的钱转到另一个账号中;
⑥ 查询:可以查询自己账号的信息;
⑦ 注销账户:在银行注销账户。

(1)项目目标

- 熟练掌握类的定义和应用;
- 熟练掌握对象的定义和应用。

(2)项目分析

通过分析,完成本系统,可以设置三个类:账号类 Account、银行类 Bank 和主页类 Home。
账号类 Account:包含账号的信息,包括卡号、姓名、身份证号、联系方式、密码和余额,还有存钱、取钱、查询信息功能。

银行类 Bank:包含所有账号的集合,具有开户、注销账户、账号登录、转账等功能。

主页类 Hom:用来管理菜单、用户选择操作,有银行、账号属性。

(3)项目代码

① 创建账户类,该类包含了卡号、姓名、身份证号、联系方式、密码和余额信息。代码如下:

```
class Account:
    def __init__(self,accountId,name,pwd,personId,phone):
        self.accountId=accountId
        self.name=name
        self.pwd=pwd
        self.personId=personId
        self.phone=phone
        self.balance=0
```

② 在 Account 类中添加存钱方法,该方法修改账户余额。代码如下:

```
def deposit(self):
    money=int(input("请输入存款金额:"))
    self.balance+=money
    print(f"您的余额是:{self.balance}")
```

③ 在 Account 类中添加取钱方法,先判断余额是否充足,若充足,则修改余额。代码如下:

```
def withdraw(self):
    money=int(input("请输入取款金额:"))
    if self.balance>=money:
        self.balance-=money
        print(f"您的余额是:{self.balance}")
    else:
        print("您的余额不足!")
```

④ 在 Account 类中添加查询方法,打印显示账号相关信息。代码如下:

```
def searchAccount(self):
    print(f"账号:{self.accountId},姓名:{self.name},余额:{self.balance},身份证:{self.personId},联系方:{self.phone}")
```

⑤ 创建银行类,该类包含账户集合,代码如下:

```
class Bank:
    def __init__(self):
        self.accounts={}
```

⑥ 银行卡号是随机生成的 6 位数字,代码如下:

```
def randomAccountId(self):
    accountId=''
    for i in range(0,6):
        r=str(random.randrange(0,10))
        accountId+=r
    if accountId not in self.accounts.keys():
        return accountId
```

⑦ 在 Bank 类中添加开户方法。开户时,用户输入姓名、密码、身份证号码和联系方式。若随机生成的开号已存在,重新生成。账户创建好后,将其添加到账户集合中。代码如下:

```python
def createAccount(self):
    name=input("请输入姓名:")
    pwd1=input("请输入密码:")
    pwd2=input("请再次输入密码:")
    personId=input("请输入身份证号:")
    phone=input("请输入联系方式:")
    if pwd1==pwd2:
        accountId=self.randomAccountId()
        while accountId==None:
            accountId=self.randomAccountId()
        account=Account(accountId,name,pwd1,personId,phone)
        self.accounts[accountId]=account
        print(f"您的账号为:{accountId}")
        print("创建账户成功!")
    else:
        print("两次密码不相同!")
```

⑧ 在 Bank 类中添加登录账号方法，登录成功代码如下：

```python
def loginAccount(self):
    flag=False
    accountId=input("请输入账号:")
    if accountId not in self.accounts.keys():
        print("该账户不存在")
    else:
        for i in range(0,3):
            pwd=input("请输入密码:")
            if self.accounts[accountId].pwd !=pwd:
                print("密码输入错误!请重新输入密码:")
            else:
                flag=True
                print("登录成功!")
                return self.accounts[accountId]
        if not flag:
            print("您已输入 3 次密码!不能继续登录!")
```

⑨ 在 Bank 类中添加转账方法。首先输入转入账户，并判断是否有该账户。再输入转出金额，判断金额是否充足。若满足以上两个问题，则转账，转出账户余额变少，转入账户余额变多。代码如下：

```python
def transferAccount(self,accountId):
    account=self.accounts[accountId]
    transferAccountId=input("请输入转入账号:")
    if transferAccountId not in self.accounts.keys():
        print("转入账号不存在!")
    else:
        money=int(input("请输入转账金额:"))
        if account.balance>=money:
            self.accounts[accountId].balance-=money
            self.accounts[transferAccountId].balance+=money
            print("转账成功!")
            print(f"您的余额:{self.accounts[accountId].balance}")
```

```
            else:
                print("余额不足!")
```

⑩ 在 Bank 类中，添加注销类。从账户集合删除账号。代码如下：

```
def delAccount(self,accountId):
    del self.accounts[accountId]
    print("账户已注销!")
```

⑪ 创建 Home 类，有 bank 属性和 account 属性，代码如下：

```
class Home:
    def __init__(self):
        self.bank=Bank()
        self.account=None
```

⑫ 在 Home 类中，添加欢迎界面的方法，代码如下：

```
def printMenu(self):
        print("*"*50)
        print("欢迎登录银行系统!")
        print("1.开户\t2.登录\t3.查询\t4.存款\t5.取款\t6.转账\t7.注销\t0.退出")
        print("*"*50)
```

⑬ 创建 Home 对象，并调用 main()方法，代码如下：

```
def main(self):
    while True:
        self.printMenu()
        menu=input("请输入操作编号:")
        if menu=='1':
            self.bank.createAccount()
        elif menu=='2':
            self.account=self.bank.loginAccount()
        elif menu=='3':
            if not self.account:
                print("请先登录!")
            else:
                self.account.searchAccount()
        elif menu=='4':
            if not self.account:
                print("请先登录!")
            else:
                self.account.deposit()
        elif menu=='5':
            if not self.account:
                print("请先登录!")
            else:
                self.account.withdraw()
        elif menu=='6':
            if not self.account:
                print("请先登录!")
            else:
                self.bank.transferAccount(self.account.accountId)
        elif menu=='7':
            if not self.account:
                print("请先登录!")
            else:
```

```
                self.bank.delAccount(self.account.accountId)
        elif menu=='0':
            break
        else:
            print("您输入的菜单编号有误!")
```

⑭ 在 Home 中，添加主函数 main()，接收用户的输入，完成相应的操作，代码如下：

```
home=Home()
home.main()
```

（4）项目测试

① 欢迎界面结果如下：

```
**********************************************
欢迎登录银行系统!
**********************************************
1.开户    2.登录    3.查询    4.存款    5.取款    6.转账    7.注销    0.退出
**********************************************
```

② 测试开户功能。第一种情况是开户成功，第二种情况两次密码不相同。结果如下：

```
请输入操作编号：1
请输入姓名：王强
请输入密码：123456
请再次输入密码：123456
请输入身份证号：11332219910617XXXX
请输入联系方式：138XXXXXXXX
您的账号为：131021
创建账户成功！
```

③ 测试登录功能。第一种情况登录成功，第二种情况登录失败。效果如下：

```
请输入操作编号：1
请输入姓名：李想
请输入密码：123456
请再次输入密码：123546
请输入身份证号：11123219910807XXXX
请输入联系方式：130XXXXXXXX
两次密码不相同！
```

```
请输入操作编号：2
请输入账号：204629
请输入密码：987654
密码输入错误！请重新输入密码：
请输入密码：123789
密码输入错误！请重新输入密码：
请输入密码：123654
密码输入错误！请重新输入密码：
您已输入3次密码！不能继续登录！
```

④ 测试查询功能。结果如下：

```
请输入操作编号：3
账号：131021，姓名：王强，余额：0，身份证：11332219910617XXXX，联系方：138XXXXXXXX
```

⑤ 测试存款功能，代码如下：

```
请输入操作编号：4
请输入存款金额：1000
您的余额是：1000
```

⑥ 测试取款功能，有两种情况：取款成功和余额不足。代码如下：

```
请输入操作编号：5
请输入取款金额：500
您的余额是：500
```

```
请输入操作编号：5
请输入取款金额：2000
您的余额不足！
```

⑦ 测试转账功能，有三种情况：转账成功、转入账号不存在、余额不足。结果如下：

```
请输入操作编号：6
请输入转入账号：706819
请输入转账金额：100
转账成功！
您的余额：400
```

```
请输入操作编号：6
请输入转入账号：706818
转入账号不存在！
```

```
请输入操作编号：6
请输入转入账号：706819
请输入转账金额：1000
余额不足！
```

⑧ 测试注销功能，结果如下：

```
请输入操作编号：7
账户已注销！
```

习　　题

一、选择题

1. 面向对象的三大特征的是（　　）。
   A. 封装　　　　　　　　B. 继承
   C. 多态　　　　　　　　D. 可扩展
2. 关于继承，下列说法正确的是（　　）。
   A. 继承是面向对象三大特征之一

B. 继承是子类继承了父类的特征和行为，使子类拥有了父类的公有特征和公有行为

C. Python 中支持单继承和多继承

D. 若在定义类时没有指定父类，则默认父类为 Object 类

3. 下列关于实例属性说法错误的是（　　）。

A. 实例属性是通过"self.属性"或"实例.属性"定义的

B. 类的实例属性既可以在类的内部定义，也可以在类的外部定义

C. 在类的外面使用"实例对象"访问实例属性

D. 在类的外面使用类名访问实例属性

4. 关于私有方法，下列说法错误的是（　　）。

A. 在方法名前面加两个下划线，且不以两个下划线结束的方法是私有方法

B. 在类的外面可以随意访问私有方法

C. 私有方法只能在类的内部访问。如果想在外面使用该方法，只能通过公有方法间接调用

D. 在类的外面不能随意访问私有方法，只有在类的内部可以访问

5. 关于类 B 继承类 A，写法正确的是（　　）。

A. class B(A)　　　　　　　B. class A(B)

C. class B extends A　　　　D. class A extends B

二、填空题

1. 客观世界中任何有形的无形的事物都可以看成是对象，即万物皆是对象。每个对象都是由_____和_____组成的。_____描述对象的静态信息，_____描述对象的动态信息。

2. _____意味着下一层类自动拥有上一层类的特征和行为，同时还可以建立自己独有的特征和行为。同时这个扩展了上一层类的类还可以继续有下一层类来继承它。_____实现了代码复用，提升了开发效率，提高了扩展性和可维护性。

3. 类是用来描述具有相同属性和方法的对象的集合，创建类是以_____关键字开始的。

4. Python 也允许声明与类和实例对象均无关的方法，称为_____方法。

5. Python 中还有两个具有特殊用途的方法。创建对象时调用_____，销毁对象时调用_____。

三、编程题

1. 定义课程类，包含课程 id、课程名称、专业名称、任课教师，并添加获取和设置属性的方法。

2. 定义一个 Person 类，具有 id、姓名、性别和年龄等属性，再定义一个 Student 类继承 Person 类，同时还具有学号、专业等属性。

第 8 章 异 常

Python 语言中，错误和异常是不同的。错误是指语法错误或逻辑错误，异常是执行时检测到的错误。本章主要讲解如何捕获异常和处理异常。

本章涉及主要知识有：
- 异常概念；
- 使用 try-catch 捕获异常；
- else 子句和 finally 子句的使用；
- 自定义异常的创建和应用；
- 抛出异常。

8.1 错误和异常概述

8.1.1 错误

（1）语法错误

语法错误也称为编译错误，是指代码中语法拼写错误，使得编译器无法将源码转换为字节码。比如缺一个括弧、少写了冒号、标识符命名错误等都是语法错误。程序中有语法错误时，在 pycharm 中用红色波浪线表示语法错误，如果运行代码，则会显示 SyntaxError 错误信息。因此开发人员很容易发现语法错误。

【案例 8-1】求两个数的最大值。

案例代码如下：

```
x=10
y=20
max=x
if x<y
    max=y
print(max)
```

上面的案例中，if 条件后面少写了 ":"，因此出现语法错误，运行结果如下：

```
  File "E:\pythonbook\chap8\demo8.1.py", line 4
    if x < y
           ^
SyntaxError: invalid syntax
```

从运行结果可以看出，第一行是错误行号，第二行是在代码错误位置做了"^"标记。

(2) 逻辑错误

逻辑错误是指程序本身没有错误，也能够运行，但是没有得到想要的结果。比如计算三角形的面积，但是由于公式写错了，能够正常运行，并得到一个结果，但并不是正确的三角形面积的结果。像这类的逻辑错误，Python 中并没有提示，只能靠开发员人员自己来调试修改程序。

【案例 8-2】求三角形面积。

案例代码如下：

```
x=10
y=12
z=14
c=x+y+z
area=(c*(c-x)*(c-y)*(c-z))**0.5
print("面积:",round(area,1))
```

运行结果如下：

```
面积: 703.0
```

上面的代码没有报错，但是边长为 10、12、14 的三角形面积是 58.8，计算结果是错误的。错误的原因是 c=(x + y + z)/2。

8.1.2 异常

(1) 异常概念

程序中没有语法错误，但是在运行时发生错误，这种运行时错误称为异常。例如除零运算、读取文件时文件不存在、列表索引超出范围等。当出现这类错误时，会引发异常。

【案例 8-3】计算两个数的比。

案例代码如下：

```
num1=int(input("请输入第一个数:"))
num2=int(input("请输入第二个数:"))
result=num1/num2
print(f"{num1}和{num2}的比是:",round(result,1))
```

运行代码，num1 和 num2 分别输入 10 和 0 时，结果如下：

```
请输入第一个数:10
请输入第二个数:0
Traceback (most recent call last):
  File "E:\pythonbook\chap8\demo8.3.py", line 3, in <module>
    result = num1 / num2
ZeroDivisionError: division by zero
```

运行上面程序时，由于除数为 0，因此抛出了 ZeroDivisionError 异常，同时在错误信息中，第二行表示出现异常的代码行号，第三行表示出现异常的代码，第四行表示异常类型以及相关信息。

(2) 异常类型

Python 中，若程序在执行过程中出现错误，则会抛出一个异常对象。大多数的异常类都继承了 Exception 类，而 Exception 是 BaseException 类的子类。BaseException 类是所有异常类的基类。Python 中内置的异常类的层次结构如图 8-1 所示。

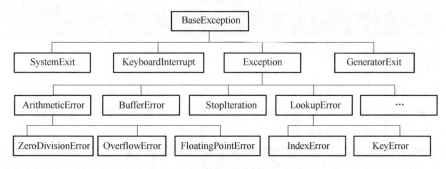

图 8-1　Python 异常类的层次结构

【案例 8-4】常见的异常类。

① NameError：尝试访问一个未声明的变量。案例代码如下：

print(x)

没有声明 x 便输出 x 的值。运行结果如下：

```
Traceback (most recent call last):
  File "E:\pythonbook\chap8\demo8.4.py", line 2, in <module>
    print(x)
NameError: name 'x' is not defined
```

② IndexError：请求的索引超出范围。案例代码如下：

score_list=[90,80,78,100]
print(score_list[4])

类表中有 4 个元素，索引从 0 到 3，但是访问了索引为 4 的元素，运行结果如下：

```
Traceback (most recent call last):
  File "E:\pythonbook\chap8\demo8.4.py", line 6, in <module>
    print(score_list[4])
IndexError: list index out of range
```

③ AttributeError：尝试访问未知的对象属性。案例代码如下：

class Student:
**　　　def showStudent(self):**
**　　　　　print("我是学生!")**
stu1=Student()
stu1.show()

stu1 是 Student 类的实例，Student 类中没有 show()方法，那么使用 stu1 调用 show()方法便会抛出 AttributeError 异常，运行结果如下：

```
Traceback (most recent call last):
  File "E:\pythonbook\chap8\demo8.4.py", line 13, in <module>
    stu1.show()
AttributeError: 'Student' object has no attribute 'show'
```

④ FileNotFoundError：未找到文件或目录异常。案例代码如下：

file=open("test.txt")

要打开一个不存在的文件"test.txt"，则会抛出 FileNotFoundError 异常，运行结果如下：

```
Traceback (most recent call last):
  File "E:\pythonbook\chap8\demo8.4.py", line 16, in <module>
    file = open("test.txt")
FileNotFoundError: [Errno 2] No such file or directory: 'test.txt'
```

⑤ TypeError：类型错误。案例代码如下：

```
x="hello"
y=123
z=x+y
```

"+"号两边类型须一致，要么全是数字，要么全是字符串，对一个数字和一个字符串进行"+"运算，便会抛出 TypeError 异常，运行结果如下：

```
Traceback (most recent call last):
  File "E:\pythonbook\chap8\demo8.4.py", line 21, in <module>
    z = x + y
TypeError: can only concatenate str (not "int") to str
```

8.2 异常处理语句

程序中出现了异常，便会抛出异常，且程序会终止。如果不希望程序终止，则可以使用 Python 提供的 try…except 语句捕获异常和处理异常，这样便使程序继续运行。try…except 也可以结合 else 和 finally 语句发挥更强大的捕获处理异常功能。

8.2.1 try…except 语句

在 try…except 语句中，try 语句是有可能出现异常的代码段，except 是用来捕获异常处理异常。try…except 语句格式如下：

try:
    可能出现异常的代码段
except [excption [as error]]:
    发生异常时执行的代码段

上面格式中，exception 捕获的异常类型，若指定了异常类型，便会捕获该类型的异常，若不指定异常类型，则捕获所有异常。as 表示将捕获到的异常对象赋给 error。执行 try…except 语句，如果 try 中代码段没有出现异常，则滤过 except 块继续执行后面的代码。如果 try 中代码段出现异常，则跳出 try 块，跳到相应的 except 块中处理异常，异常处理结束后继续执行后面的代码，这时 try 块中剩下的代码段不会被执行，若没有对应的 except，抛出异常，程序终止。

【案例 8-5】求两个数的比，并进行除零异常处理。
案例代码如下：

```
num1=int(input("请输入第一个数:"))
num2=int(input("请输入第二个数:"))
try:
    result=num1/num2
    print(f"{num1}/{num2}的结果:",result)
except ZeroDivisionError as error:
    print("除数不能为 0")
    print("出错原因:",error)
print("程序继续运行!")
```

上面的代码段中，num2 是用户输入的数据，有可能是 0，因此将有可能出现异常的代码段：相除表达式和输出结果放到了 try 语句块中，同时使用有可能出现的异常类 ZeroDivisionError 进行捕获，并输出出错原因。运行结果如下：

```
请输入第一个数：20
请输入第二个数：0
除数不能为0
出错原因： division by zero
程序继续运行！
```

从运行结果可以看出，当第二个数为 0 时，不再继续执行 try 中的"print(f"{num1}/{num2}的结果：", result)"语句，而是执行 except 语句块。当执行完 try…except 语句后，继续执行程序，程序没有因用户错误输入而中断。

运行案例 8-5 时，若输入的数据不是数字，会有如下结果：

```
请输入第一个数：abc
Traceback (most recent call last):
  File "E:\pythonbook\chap8\demo8.5.py", line 1, in <module>
    num1 = int(input("请输入第一个数："))
ValueError: invalid literal for int() with base 10: 'abc'
```

用户输入"abc"时，int()语句将其转换为整数，这时便会抛出 ValueError 异常。那么如果代码有可能抛出多种异常时，Python 也可以捕获多个异常，格式如下：

try:
    可能出现异常的代码段
except [excption1 [as error]]:
    发生异常时执行的代码段
except [excption2 [as error]]:
    发生异常时执行的代码段
……

捕获多个异常时，有 1 个 try 语句，有多个 except 语句。当 try 语句块中抛出什么类型异常，便执行相应的 except 语句块。

【案例 8-6】改善案例 8-5，捕获多个异常。

案例代码如下：

```
try:
    num1=int(input("请输入第一个数:"))
    num2=int(input("请输入第二个数:"))
    result=num1/num2
    print(f"{num1}/{num2}的结果:",result)
except ZeroDivisionError as error:
    print("除数不能为0!")
    print("出错原因:",error)
except ValueError as error:
    print("必须输入数字!")
    print("出错原因:",error)
print("程序继续运行!")
```

用户输入"abc"时，ValueError 捕获异常，运行结果如下：

```
请输入第一个数：abc
必须输入数字！
出错原因： invalid literal for int() with base 10: 'abc'
程序继续运行！
```

用户输入的第二个数为"0"时，运行结果如下：

```
请输入第一个数：100
请输入第二个数：0
除数不能为0！
出错原因： division by zero
程序继续运行！
```

还有一种捕获全部异常的方法便是在 except 中不指定异常类型。案例代码如下：

```
try:
    num1=int(input("请输入第一个数:"))
    num2=int(input("请输入第二个数:"))
    result=num1/num2
    print(f"{num1}/{num2}的结果:",result)
except:
    print("出现错误")
print("程序继续运行！")
```

上面代码中，except 可以捕获所有类型的异常。也可在 except 后面加"Excption"捕获所有类型的异常。

8.2.2 try…excep…else 语句

try…except 语句可以和 else 语句结合，构成 try…except…else 语句捕获处理异常。在使用 try…except…else 语句时，else 语句必须放在所有的 except 语句后面。格式如下：

```
try:
    可能出现异常的代码段
except [excption1 [as error]]:
    发生异常时执行的代码段
except [excption2 [as error]]:
    发生异常时执行的代码段
……
else:
    不发生异常时执行的代码段
```

执行 try…except…else 语句时，若 try 中代码没有发生异常，则运行 else 语句。

【案例 8-7】求平均分数。

用户输入三科成绩，并计算平均成绩。案例代码如下：

```
try:
    score_c=int(input("请输入 C 语言成绩:"))
    score_python=int(input("请输入 Python 成绩:"))
    score_java=int(input("请输入 Java 成绩:"))
except ValueError as error:
    print("请输入正确的成绩！")
    print(error)
else:
    ave=(score_c+score_python+score_java)/3
    print("平均成绩:",round(ave,1))
```

当输入 3 个正确的成绩时，不会发生异常，执行完 try 语句块，便会执行 else 语句块，

运行结果如下:

```
请输入C语言成绩: 90
请输入Python成绩: 80
请输入Java成绩: 100
平均成绩:  90.0
```

8.2.3　try…excep…finally 语句

将 try…excep 语句和 finally 语句结合在一起便组成 try…excep…finally 语句,格式如下:
try:
　　可能出现异常的代码段
except [excption1 [as error]]:
　　发生异常时执行的代码段
except [excption2 [as error]]:
　　发生异常时执行的代码段
……
[else:
　　不发生异常时执行的代码段]
finally:
　　不论是否发生异常,都会被执行的代码段

无论 try 中的代码段是否出现异常,finally 中的代码段都会被执行,不会受影响。一般在 try 中获取了资源,在 finally 中释放资源,如关闭文件、关闭数据库连接等。

【案例 8-8】打开关闭文件。

案例代码如下:
```
try:
    print("1.写文件\t2.读文件")
    num=input("请输入:")
    file=None
    if num=='1':
        file=open("test1.txt","w")
    elif num=='2':
        file=open("test2.txt","r")
except Exception as error:
    print(error)
finally:
    if file:
        file.close()
    print("无论是否发生异常,finally 都会被执行!")
```

上面代码中,在 try 块中根据用户的输入,以读或写的方式打开文件,以读的方式打开文件时,若文件不存在,便会抛出异常。以写的方式打开文件时,若文件不存在,则创建一个新文件。最后在 finally 中关闭文件,释放资源。运行上面代码,结果如下:

```
1.写文件 2.读文件
请输入: 2
[Errno 2] No such file or directory: 'test2.txt'
无论是否发生异常,finally都会被执行!
```

```
1.写文件 2.读文件
请输入: 1
无论是否发生异常,finally都会被执行!
```

8.3 自定义异常类

Python 中给出了很多内置异常类,也不能满足开发人员所有需求,如说输入的成绩,只能不是数字时抛出异常,但是成绩不在 0～100 之间的范围时却不能引发异常。开发人员便可以自定义异常类。只要一个类继承了 Excpetion 类或 Exception 类的子类,这个类就是一个异常类。格式如下:

class 自定义异常类(Exception/Exeption 子类):
  代码段

【案例 8-9】自定义成绩范围异常类。

设成绩必须在 0~100 分之间,案例代码如下:

```
class ScoreException(Exception):
    def __init__(self):
        self.min=0
        self.max=100
    def __init__(self,min,max):
        self.min=min
        self.max=max
    def __str__(self):
        return f"成绩必须在{self.min}~{self.max}之间!"
```

上面代码中,ScoreException 是一个异常类,它设置了两个构造方法,重写了获取异常信息的__str__()方法。自定义异常类创建好后,与内置异常类的使用方式相同。

8.4 抛出异常

前面章节中的异常都是程序自动引发的。Python 程序不仅可以自动触发异常,还可以由开发人员使用 raise 语句和 assert 语句主动抛出异常。

8.4.1 使用 raise 语句抛出异常

使用 raise 抛出异常有 3 种格式。第一种格式是 raise 后面是异常类,这种格式会隐式地创建一个异常类对象;第二种格式是 raise 后面是异常对象;第三种格式是 raise 后面什么都不带,用于重新引发刚发生的异常。使用 raise 抛出异常格式如下:

raise 异常类
raise 异常对象
raise

【案例 8-10】计算平均成绩。若成绩不在有 0~100 范围内,使用 raise 引发成绩范围错误异常。

案例代码如下:

```
try:
    sum=0
    for i in range(0,5):
        score=int(input("请输入成绩:"))
        if score<0 or score>100:
            raise ScoreException
        sum+=score
    ave=sum/5
    print("5 位学生的平均成绩是:",round(ave,1))
```

```
except ValueError as error:
    print(error)
except ScoreException as error:
    print(error)
```
在上面代码中,如果成绩不在 0~100 之间时,使用 raise 抛出了 ScoreException 异常类,运行结果如下:

```
请输入成绩: 100
请输入成绩: 89
请输入成绩: 110
成绩必须在0~100之间!
```

若成绩范围是 0~150 之内,便可以使用异常对象抛出异常。修改上面的代码如下:
```
try:
    sum=0
    for i in range(0,5):
        score=int(input("请输入成绩:"))
        if score<0 or score>150:
            raise ScoreException(0,150)
        sum+=score
    ave=sum/5
    print("5位学生的平均成绩是:",round(ave,1))
except ValueError as error:
    print(error)
except ScoreException as error:
    print(error)
```
在上面的代码中,如果成绩不在 0~150 之内,使用 ScoreException(0, 150)对象抛出异常,运行结果如下:

```
请输入成绩: 120
请输入成绩: 110
请输入成绩: 101
请输入成绩: 98
请输入成绩: 160
成绩必须在0~150之间!
```

【案例 8-11】使用 raise 传递引发异常。

案例代码如下:
```
try:
    p1={'name':'zs','age':20,'gender':'m'}
    key=input("请输入要查询的 key:")
    print(p1[key])
except KeyError as error:
    print("p1字典中有没有该索引",error)
    raise
```
运行上面的代码,若用户输入 phone,则会抛出 KeyErrors 异常,便会被 except 捕获。except 中使用 raise 再次引发了一次异常。运行结果如下:

```
Traceback (most recent call last):
  File "E:\pythonbook\chap8\demo8.10.py", line 4, in <module>
    print(p1[key])
KeyError: 'phone'
```

8.4.2 使用 assert 语句抛出异常

断言是当条件不满足时抛出异常。断言主要用于调试阶段，帮助程序员调试程序，保证程序正确运行。断言的格式如下：

assert 布尔表达式 [,字符串表达式]

assert 后面是一个布尔表达式，当表达式为 False 时触发异常，当表达式为 True 时不做操作。字符串表达式描述异常信息。

【案例 8-12】输入性别。

用户输入性别，只能是"男"或"女"，否则抛出异常。案例代码如下：

```
gender=input("请输入您的性别(男或女):")
assert(gender=='男' or gender=='女') ,'性别只能是男或女,不可以输入其他!'
print("性别:",gender)
```

运行上面代码，结果如下：

```
请输入您的性别(男或女): m
Traceback (most recent call last):
  File "E:\pythonbook\chap8\demo8.11.py", line 2, in <module>
    assert (gender=='男' or gender=='女') , '性别只能是男或女,不可以输入其他!'
AssertionError: 性别只能是男或女,不可以输入其他!
```

8.5 [项目训练]货币兑换系统

出国时经常要进行货币兑换。本系统可以计算人民币兑美元、美元兑人民币、人民兑欧元、欧元兑人民币的计算。

（1）项目目标

- 掌握 try…except…else…finally 捕获异常和处理异常。
- 掌握 raise 抛出异常。
- 自定义异常类。

（2）项目分析

本货币系统具有以下功能：
① 人民币兑换美元，汇率是 0.1455；
② 美元兑人民币，汇率是 1/0.1455；
③ 人民币对欧元，汇率是 0.1458；
④ 欧元兑人民币，汇率是 1/0.1458；
⑤ 退出系统。

在用户输入兑换金额时，若输入非数字，则抛出异常；若金额小于 0，也会出错，因此可以创建金额小于 0 时引发的自定义的异常类；菜单选项必须是 1~5，否则抛出异常。若没有发生异常，则输出"完成兑换计算！"。只要菜单选项不是 5，则每次运行完程序，都输出一个"开始下一次兑换计算！"。

（3）项目代码

① 首先创建自定义异常类，当输入金额小于 0 时引发，代码如下：

```python
class MoneyException(Exception):
    def __str__(self):
        return "金额必须大于等于0!"
```

② 创建菜单字符串和兑换字典，代码如下：

```python
menu="1.人民币兑换美元 2.美元兑换人民币 3.人民币兑换欧元 4.欧元兑换人民币 5.退出"
exchangeRate_dict={"1":0.1455,"2":1/0.1455,"3":0.1458,"4":1/0.1458}
```

③ 循环货币兑换计算，代码如下：

```python
while True:
    print("*"*50)
    print(menu)
    choice=input("请输入您的服务:")
    try:
        if choice=='5':
            break
        exchangeRate=exchangeRate_dict[choice]
        money=float(input("请输入您兑换的金额:"))
        if money<0:
            raise MoneyException
        money_new=money*exchangeRate
        print("您的金额为:",round(money,2))
        print("您兑换后的金额为:",round(money_new,2))
    except ValueError as error:
        print("兑换金额必须是数字!")
    except KeyError as error:
        print("请输入正确的服务编号!")
    except MoneyException as error:
        print(error)
    else:
        print("完成兑换计算!")
    finally:
        if choice!='5':
            print("开始下一次兑换计算!")
print("退出货币兑换系统!")
```

（4）代码测试

① 兑换货币成功测试，结果如下：

```
**************************************************
1.人民币兑换美元 2.美元兑换人民币 3.人民币兑换欧元 4.欧元兑换人民币 5.退出
请输入您的服务: 1
请输入您兑换的金额: 1000
您的金额为: 1000.0
您兑换后的金为: 145.5
完成兑换计算!
开始下一次兑换计算!
```

② 用户输入错误菜单选项测试，结果如下：

```
请输入您的服务: 6
请输入正确的服务编号!
开始下一次兑换计算!
```

③ 用户输入非数字金额测试，结果如下：

```
请输入您的服务：1
请输入您兑换的金额：abc
兑换金额必须是数字！
开始下一次兑换计算！
```

④ 用户输入小于 0 的金额测试，结果如下：

```
请输入您的服务：1
请输入您兑换的金额：-100
金额必须大于等于0！
开始下一次兑换计算！
```

⑤ 退出测试，结果如下：

```
请输入您的服务：5
退出货币兑换系统！
```

习　题

一、选择题

1. 请求的索引超出范围的异常是（　　）。
   A. IndexError　　　　　　B. NameError
   C. AttributeError　　　　D. FileNotFoundError

2. 关于 try except 语句，说法错误的是（　　）。
   A. try 语句是有可能出现异常的代码段
   B. except 是用来捕获异常，处理异常
   C. except 语句可以单独出现
   D. 一个 try 语句后面可以有多个 except 语句

3. 关于 finally 语句，说法正确的是（　　）。
   A. 无论 try 中的代码段是否出现异常，finally 中的代码段都会被执行
   B. tyr 中的代码出现异常，则执行 finally 代码段
   C. tyr 中的代码没有出现异常，则执行 finally 代码段
   D. finally 语句可以单独使用

4. Python 程序不仅可以自动触发异常，还可以由开发人员使用（　　）语句主动抛出异常。
   A. raise　　　　　　　　B. assert
   C. try　　　　　　　　　D. except

5. 自定义异常类继承（　　）。
   A. Excpetion 类　　　　　B. Excpetion 类的子类
   C. SystemExit　　　　　　D. KeyboardInterrupt

二、填空题

1. _____也称为编译错误，是指代码中语法拼写错误，使得编译器无法将源码转换为字节码。_____是指程序本身没有错误，也能够运行，但是没有得到想要的结果。

2. 程序中没有语法错误，但是在运行时发生错误，这种错误称为_____。

3. 程序中出现了异常，便会抛出异常，且程序会终止。如果不希望程序终止，则可以使用 Python 的_____语句捕获异常和处理异常，这样能使程序继续运行。

4. _____时抛出 ZeroDivisionError 异常。

5. else 语句必须放在所有的 except 语句后面，else 中是_____。

三、编程题

1. 从键盘输入六位同学的成绩，成绩必须是数字，在 0~100 之间，使用 try catch 捕获异常。

2. 某单位员工的学历分高中、大专、本科、硕士和博士五档。编写一个自定义异常类，如果学历不在此范围则显示"输入的学历错误"信息。

第 9 章 文件操作

若想要将程序中产生的中间数据或结果数据永久保存,则可以使用文件,将数据保存到文件中。本章讲解文件的打开、关闭和读写等操作。

本章涉及的主要知识有:
- 打开文件和关闭文件;
- 读文件和写文件;
- 文件目录操作。

9.1 基本文件操作

Python 中,文件的常用操作有创建文件、打开文件、关闭文件、删除文件和文件的读写。

9.1.1 打开和关闭文件

9.1.1.1 打开文件

在 Python 中,使用 open()方法创建或打开文件,格式如下:
`open(file,mode,encoding)`
在 open()方法中,file 参数表示要打开的文件名或文件路径,mode 参数表示打开模式,encoding 参数表示文件的编码格式,常用的编码格式有:ascii、utf-8、gbk 等。使用 open()方法后会返回一个文件对象 file。

(1) file 参数

打开一个文件时,首先要知道文件的位置。文件的位置有两种表示方式:绝对路径和相对路径。

绝对路径是一个文件的真实路径,描述从盘符开始到目标文件位置的完整路径。"E:/pythonProgram/book/main.py"是一个绝对路径,其中"E:/pythonProgram/book"是路径,"main.py"是文件名。使用绝对路径有局限性,如调用程序复制到其他电脑上,则被调用文件路径便失效了。表示绝对路径有 3 种方式:

① 使用正斜杠"/"。如"E:/pythonProgram/book/main.py"。
② 使用转义字符"\",则"\\"表示斜杠。如:"E:\\pythonProgram\\book\\main.py"。
③ 在路径前面加"r",表示原始字符串。如:r"E:\pythonProgram\book\main.py"。

相对路径是相对于当前文件的路径。相对路径比较灵活,不论在哪台机器、哪个平台运行,只要程序和被调用文件放在同一个项目中,便不会发生错误,且相对路径写起来也比较

简单,因此程序开发时经常使用相对路径访问文件,相对路径常用以下 3 种方式:
① "./"表示当前文件所在目录。
② "../"表示当前文件的上一层目录。
③ 如果访问同一个目录下的文件,可以直接使用文件名访问。

【案例 9-1】使用绝对路径和相对路径方式打开文件。
案例代码如下:
```
print("使用绝对路径打开文件")
f1=open("E:/pythonbook/chap9/demo9.2.py")
print(f1.name)
print("使用'./'相对路径打开文件")
f2=open("./demo9.2.py")
print(f2.name)
print("使用'../'相对路径打开文件")
f3=open("../chap9/demo9.2.py")
print(f3.name)
print("使用文件名访问同级文件")
f4=open("demo9.2.py")
print(f4.name)
```
运行上面代码,结果如下:

```
使用绝对路径打开文件
E:/pythonbook/chap9/demo9.2.py
使用'./'相对路径打开文件
./demo9.2.py
使用'../'相对路径打开文件
../chap9/demo9.2.py
使用文件名访问同级文件
demo9.2.py
```

相对路径通常用于存储在一起的文件,如果两者跨层较大,选用绝对路径。

(2) mode 参数

mode 参数表示文件的打开模式,例如只读、写、追加等模式。根据文件的编码格式,文件分为文本文件和二进制文件。文本文件中存放字符集合,可以使用文本编辑器打开阅读和修改。除了文本文件外的所有文件都是二进制文件,比如图片、音频、视频等。表 9-1 中介绍了文本文件和二进制文件的常用打开模式。

表 9-1 文件常用打开模式

模式	描述
r	只读方式打开文本文件。若文件不存在,会报错
rb	只读方式打开二进制文件。若文件不存在,会报错
r+	以读写模式打开文本文件。若文件不存在,会报错
rb+	以读写模式打开二进制文件。若文件不存在,会报错
w	以写模式打开文本文件。如果该文件不存在,创建新文件
wb	以写模式打开二进制文件。如果该文件不存在,创建新文件。一般用于非文本文件和图片等

续表

模式	描述
w+	以读写模式打开文本文件。如果该文件不存在，创建新文件
wb+	以读写模式打开二进制文件。如果该文件不存在，创建新文件
a	以追加模式打开文本文件。如果该文件不存在，创建新文件进行写入
ab	以追加模式打开二进制文件。如果该文件不存在，创建新文件进行写入
a+	以读写模式打开文本文件。如果该文件已存在，追加文件；如果该文件不存在，创建新文件用于读写

【案例 9-2】以不同模式打开文件。

案例代码如下：

```
f1=open("a.txt",'w')
f2=open("demo9.1.py",'r')
f3=open("b.txt",'a')
f4=open("c.txt",'r')
```

当前文件夹中，没有"a.txt""b.txt"和"c.txt"文件，有"dmeo9.1.py"文件，运行上面代码后，a 和 b 文件是以"w"和"a"模式打开的，若没有该文件，便会创建新文件，因此当前文件夹中多了"a.txt"和"b.txt"文件。而以"r"模式打开不存在的文件"c.txt"时便会抛出找不到文件的异常，结果如下：

```
Traceback (most recent call last):
  File "E:\pythonbook\chap9\demo9.2.py", line 4, in <module>
    f4 = open("c.txt", 'r')
FileNotFoundError: [Errno 2] No such file or directory: 'c.txt'
```

9.1.1.2 关闭文件

已打开的文件操作结束后，需要关闭文件，尤其是写入过的文件，一定要关闭。Python 中提供了 2 种关闭文件的方法，分别是 close()方法和 with 语句。

（1）close()方法

使用 close 方法关闭文件的格式如下：

`file.close()`

其中，file 是要关闭的文件对象。一般情况下，若使用了异常处理语句，关闭文件会写在 finally 中。

【案例 9-3】关闭文件。

案例代码如下：

```
try:
    f=open("a.txt",'w')
    # 读写操作
except Exception as error:
    print(error)
finally:
    f.close()
```

上面代码中，以写模式打开了文件，之后可以对文件进行读写操作，操作过程中有可能出现异常，若将关闭文件放在 try 块中，有可能执行不到，因此为了确保能正常关闭文件，可以将 f.close()放在 finally 块中。

(2) with 语句

使用 with 语句，一旦离开 with 块，或者出现异常时，系统会自动关闭文件。with 语句格式如下：

```
with oepn(filename [,mode,encoding]) as file:
    代码段
```

在上面格式中，打开文件后的对象赋给 as 后的 file。

【案例 9-4】使用 with 语句关闭文件。

案例代码如下：

```
with open("a.txt",'w') as file:
    # 文件读写操作
    pass
```

9.1.2 读文件

(1) 打开文件即读取

结合 with 语句，读取文件的每一行内容。

【案例 9-5】读取文件内容。

course.txt 文件是关于计算机专业部分课程信息，内容如下：

```
课程名称       课程性质      学分    学时
WEB前端开发     专业必修      3      48
HTML5技术   专业必修      3      48
Java Web开发实训 专业必修     6      96
J2EE框架技术    专业必修      6      96
Python程序设计   专业选修      4      64
JavaScript技术   专业必修      6      96
Web前端框架技术   专业必修     4      64
```

要读取文件内容，并打印输出，代码如下：

```
with open("course.txt",'r',encoding='utf-8') as f:
    for line in f:
        print(line,end='')
```

f 是一个文件实例，但通过以上方式可以遍历文件的每一行，并打印输出每一行信息。运行结果如下：

```
课程名称   课程性质    学分  学时
WEB前端开发     专业必修    3     48
HTML5技术      专业必修    3     48
Java Web开发实训  专业必修    6     96
J2EE框架技术    专业必修    6     96
Python程序设计   专业选修    4     64
JavaScript技术   专业必修    6     96
Web前端框架技术   专业必修    4     64
```

(2) read()方法

通过文件对象的 read(n)方法读取文件指定长度的字符。其中 n 是可选参数，如果设置了 n，则从当前位置开始读取文件的 n 个字符；若 n 大于剩余字符数量，则读取到文件结束位置的字符；若没有设置 n，则从当前位置读取到文件结束的所有字符。

【案例 9-6】使用 read()读取"course.txt"文件内容。

案例代码如下：

```
try:
    f=open('course.txt','r',encoding='utf-8')
    txt1=f.read(4)
    txt2=f.read(10)
    txt3=f.read()
    print("txt1的内容:")
    print(txt1)
    print("txt3 的内容:")
    print(txt2)
    print("txt4 的内容:")
    print(txt3)
    f.close()
except Exception as error:
    print(error)
```

运行上面代码，结果如下：

```
txt1的内容:
课程名称
txt2的内容:
    课程性质  学分 学
txt3的内容:
时
WEB前端开发    专业必修 3    48
HTML5技术     专业必修 3    48
Java Web开发实训 专业必修 6    96
J2EE框架技术   专业必修 6    96
Python程序设计  专业选修 4    64
JavaScript技术  专业必修 6    96
Web前端框架技术 专业必修 4    64
```

从运行结果可以看到，txt1 是从开始位置读取了 4 个字符，txt2 是从索引 4 的位置开始读取了 10 个字符，txt3 是读取了剩余的所有字符。

(3) readline()方法

通过文件对象的 readline(n)方法读取文件的一行信息。其中 n 是可选参数，若设置了 n，则读取一行中的前 n 个字符，若 n 大于一行字符数量，则读取一行内容；若没有设置 n，则读取一行内容。readline()方法是一行一行地读，非常地省内存，当文件巨大的情况下适合使用该方法读取文件。

【案例 9-7】读取文件的一行信息。

案例代码如下：
```
with open('course.txt','r',encoding='utf-8') as f:
    txt1=f.readline()
    print(txt1,end='')
    txt2=f.readline(3)
    print(txt2,end='')
    f.close()
```
运行上面代码，结果如下：

```
课程名称  课程性质  学分  学时
WEB
```

从运行结果看到，第一次调用 realine()时读取了第一行信息，当第二次调用 readline(3)时，读取第二行的前 3 个字符。

（4）readlines()方法

使用文件对象调用 readlines()方法能够读取文件的所有内容。该方法会返回一个列表，列表中的每个元素是文件的一行内容。readlines()方法不适合读取较大文件，会耗尽内存。

【9-8】使用 readlines()方法读取"course.txt"文件的所有内容。

案例代码如下：
```
with open('course.txt','r',encoding='utf-8') as f:
    lines=f.readlines()
    for line in lines:
        print(line,end="")
    f.close()
```
运行上面代码，结果如下：

```
课程名称     课程性质   学分  学时
WEB前端开发   专业必修   3    48
HTML5技术    专业必修   3    48
Java Web开发实训 专业必修 6  96
J2EE框架技术  专业必修   6    96
Python程序设计 专业选修  4    64
JavaScript技术 专业必修  6    96
Web前端框架技术 专业必修 4    64
```

9.1.3 写文件

Python 写文件提供了两个方法，分别是 write()方法和 writelines()方法。

（1）write()方法

通过文件对象调用 write(str)方法将 str 字符串写到文件中。write()方法成功写入文件后，返回写入的字符串长度。

【案例 9-9】将"您好！"写入"a.txt"文件中。

案例代码如下：
```
with open('a.txt','w',encoding='utf-8') as f:
    result=f.write("您好！")
    print(result)
    f.close()
```

运行上面的代码，结果如下：

```
3
```

打开"a.txt"文件，内容如下：

```
您好！
```

重新运行后，"a.txt"中的内容还是一个"您好！"，若想在文件的末尾追加内容，则以"a"模式打开文件。

（2）writelines()方法

通过文件对象调用 writelines(lines)，依次将列表 lines 中的字符串写入文件中。

【案例 9-10】将列表内容写入文件中。

案例代码如下：

```python
with open('b.txt','w',encoding='utf-8') as f:
    lines=["python程序设计语言\n","Java程序设计语言\n","MySql数据库\n"]
    f.writelines(lines)
    f.close()
```

运行上面代码，打开"b.txt文件，内容如下：

```
python程序设计语言
Java程序设计语言
MySql数据库
```

9.1.4 文件定位

文件的读写操作都是从当前位置开始的，如果是新打开的文件，则从文件首部，即 0 的位置开始，之后按顺序继续向下执行读写。Python 支持指定读写的位置，提供了 seek()方法和 tell()方法。

（1）seek()方法

使用 seek()方法可以控制读写文件的位置，格式如下：

seek(offset[,whence])

上面格式中，offset 表示偏移量；whence 是可选项，表示从哪个位置开始计算偏移量，有 3 个值：0 表示文件开始位置，1 表示当前位置，2 表示文件末尾位置，默认情况下是 0。如果操作成功，返回新的文件位置，如果操作失败，则返回-1。

【案例 9-11】从第 100 位置开始读文件。

案例代码如下：

```python
with open('course.txt','r',encoding='utf-8') as f:
    f.seek(100)
    print(f.read(10))
    f.close()
```

运行上面代码，结果如下：

```
3  48
融媒素养
```

（2）tell()方法

使用 tell()方法能够获取文件当前位置。

【案例 9-12】获取当前位置。

案例代码如下：

```python
with open('course.txt','r',encoding='utf-8') as f:
    print("当前位置是:",f.tell())
    line=f.readline()
    print("当前位置是:",f.tell())
    f.seek(0,2)
    print("当前位置是:",f.tell())
```

运行上面代码，结果如下：

```
当前位置是： 0
当前位置是： 41
当前位置是： 403
```

9.2 os 模块管理文件与目录

os 模块是 Python 提供的整理文件和目录的常用模块，它提供了很多处理文件和目录的方法。

9.2.1 创建和删除目录

（1）创建目录

os 模块提供了 mkdir()方法创建目录，格式如下：

os.mkdir(path[,mode])

其中 path 是要创建的目录，mode 是为目录设置的权限数字模式。创建一个目录代码如下：

```python
import os
path="newPath"
os.mkdir(path)
```

上面代码会在当前文件夹下创建一个新的目录"newPath"。

（2）删除目录

使用 rmdir()方法能删除指定路径的目录。格式如下：

os.rmdir(path)

其中 path 是要删除的目录，只有目录是空的才可以删除，否则抛出 OSError 异常。

【案例 9-13】删除目录。

代码如下：

```python
import os
try:
    os.rmdir("newPath")
    os.rmdir("../chap9")
```

```
except OSError as error:
    print(error)
```
运行结果如下:

```
[WinError 32] 另一个程序正在使用此文件，进程无法访问。: '../chap9'
```

从运行结果可以看出，删除"chap9"目录引发异常，因为该目录不是空目录，而成功删除了空目录"newPath"。

9.2.2 删除文件

使用 os 模块的 remove()方法可以删除文件。格式如下：

os.remove(file)

其中 file 是要删除的文件路径，如果 file 是一个目录，则会抛出 OSError 异常。案例代码如下：

```
os.remove("a.txt")
print("删除 a.txt 成功!")
os.remove("path")
```

运行上面的代码，结果如下：

```
Traceback (most recent call last):
  File "E:\pythonbook\chap9\demo9.13.py", line 11, in <module>
    os.remove("path")
PermissionError: [WinError 5] 拒绝访问。: 'path'
删除a.txt成功!
```

使用 remove()方法成功删除了"a.txt"文件，但是删除目录时抛出了异常。

9.2.3 遍历目录

可以使用 os 模块的 listdir()方法遍历目录下的所有子目录和文件。格式如下：

os.listdir(path)

其中 path 是要遍历的目录，使用该方法后返回文件和目录列表。

【案例 9-14】遍历目录。

案例代码如下：

```
import os
file_list=os.listdir('./')
for file in file_list:
    print(file)
```

执行上面代码后会显示当前目录下的所有文件和目录。

9.2.4 其他方法

（1）获取绝对路径

可以使用 os.path.abspath(path)获取文件的绝对路径。下面是获取当前目录绝对路径案例，代码如下：

```
print(os.path.abspath("./"))
```

运行上面代码，结果如下：

```
E:\pythonbook\chap9
```

(2) 获取文件名

可以使用 os.path.basename(path) 获取路径下文件名，案例代码如下：
print(os.path.basename("E:/pythonbook/chap9/demo9.1.py"))
运行上面代码，结果如下：

```
demo9.1.py
```

(3) 获取当前目录

可以使用 os.getcwd(path) 方法获取当前目录，案例代码如下：
print(os.path.basename("E:/pythonbook/chap9/demo9.1.py"))
运行上面代码，结果如下：

```
E:\pythonbook\chap9
```

(4) 判断是文件还是目录

os 提供了 isdir(path) 方法判断 path 是否是目录，如果是目录返回 True，否则返回 False。isfile(path) 方法判断 path 是否是文件，如果是文件返回 True，否则返回 False。单例代码如下：

path1="../chap9"
path2="./course.txt"
print(os.path.isdir(path1))
print(os.path.isfile(path2))
运行上面的代码，结果如下：

```
True
True
```

(5) 判断目录是否存在

可以使用 os.path.exists(path) 判断路径 path 是否存在，案例代码如下：
if os.path.exists("../chap10"):
    print("该目录存在!")
else:
    print("该目录不存在")
运行上面代码，结果如下：

```
该目录不存在
```

9.3 [项目训练]文件拷贝

为了防止文件丢失造成不必要的损失，重要文件都可以拷贝一份。本项目有两个功能：文件拷贝和目录拷贝。根据用户输入的原地址、目标地址，将文件或目录拷贝到相应的路径中。

(1) 项目目标

- 掌握文件的打开与关闭；

- 掌握文件的读取；
- 掌握文件的写入。

（2）项目分析

本项目有两个功能：文件拷贝和目录拷贝。拷贝的文件或目录的名称后加"_备份"字符串区分源文件。根据用户输入的编号来选择文件拷贝还是目录拷贝：

1. 文件拷贝
2. 目录拷贝

用户输入源路径和目标路径，完成拷贝：

请输入原路径：

请输入目标路径：

在拷贝文件或目录时，需要判断拷贝的文件或目录是否已经存在，若不存在则提示"拷贝的文件或目录不存在！"，否则直接拷贝文件或目录；若目标目录不存在，则新建一个目标目录，否则直接在该目录下备份文件；若拷贝目录，则遍历目录中所有文件，依次对子文件或子目录进行拷贝。

（3）项目代码

① 菜单界面。

```
def printMenu():
    print("*"*20,"请选择备份的对象","*"*20)
    print("1.备份文件   2.备份目录")
```

② 拷贝文件。创建拷贝文件的方法 backup_file()，该方法接收两个参数，分别表示源文件路径和目标文件存放的目录。首先定义目标文件路径：目标目录+文件名+"_备份"+扩展名；然后以只读模式打开源文件，以写模式打开目标文件。每次从源文件读取 1024 字节，写到目标文件中，直到源文件中没有内容为止。

```
def backup_file(src,dist):
    file=os.path.basename(src)
    index=file.rfind(".")
    dist=dist+"/"+file[0:index]+"_备份"+file[index:]
    print(src,dist)
    with open(dist,'w',encoding='utf-8') as dist_file,open(src,'r',encoding='utf-8') as src_file:
        print("开始拷贝")
        while True:
            context=src_file.read(1024)
            if not context:
                break
            dist_file.write(context)
            dist_file.flush()
        print("结束拷贝！")
```

③ 拷贝目录。创建拷贝目录的方法 backup_dir()，该方法接收两个参数，分别是源目录和目标目录存放的父目录。首先设置目标目录的路径：父目录+目录名称+"_备份"。首先遍历目录，若是文件则调用 backup_file()方法拷贝文件，若是目录，则再次调用自己拷贝目录。

```python
def backup_dir(src,dist):
    dir=os.path.basename(src)
    dist=dist+"/"+dir+"_备份"
    if not os.path.exists(dist):
        os.mkdir(dist)
    file_list=os.listdir(src)
    for file in file_list:
        path_src=os.path.join(src,file)
        if os.path.isfile(path_src):
            backup_file(path_src,dist)
        elif os.path.isdir(path_src):
            dist_dir=os.path.join(dist,file)
            backup_dir(path_src,dist_dir)
```

④ 拷贝。backup()方法是本项目的主方法。在该方法中,有以下几项内容:
• 输出菜单选项。
• 获取用户的操作选项和源路径,若源路径不存在,则结束程序。
• 获取目标路径,若不存在,则创建目标路径。
• 若用户的选项是1,则判断源路径是否是文件,若是文件则调用 backup_file()方法拷贝文件;若不是文件则提示"您输入的不是文件名!"。
• 若用户的选项是2,则判断源路径是否是目录,若是目录则调用 backup_dir()方法拷贝目录;若不是目录则提示"您输入的不是目录!"。

代码如下:

```python
def backup():
    printMenu()
    choice=input("请输入您要操作的选项:")
    src=input("请输入源路径:")
    if os.path.exists(src):
        dist=input("请输入目标路径:")
        if not os.path.exists(dist):
            os.mkdir(dist)
        if choice=="1":
            if os.path.isfile(src):
                backup_file(src,dist)
            else:
                print("您输入的不是文件名!")
        elif choice=="2":
            if os.path.isdir(src):
                backup_dir(src,dist)
            else:
                print("您输入的不是目录!")
        else:
            print("您输入的选项有误!")
    else:
        print("拷贝的文件或目录不存在!")
```

⑤ 调用 backup()方法。

```python
backup()
```

(4)项目测试

① 显示菜单。

```
******************** 请选择备份的对象 ********************
1.备份文件    2.备份目录
```

② 拷贝文件。当成功拷贝文件后,会生成拷贝后的文件,结果如下:

```
1.备份文件    2.备份目录
请输入您要操作的选项:1
请输入原路径:e:/pythonbook/main.py
请输入目标路径:e:/pythonbook/a
```

若拷贝的原文件不存在,则结果如下:

```
请输入您要操作的选项:1
请输入源路径:e:/pythonbook/a.txt
拷贝的文件或目录不存在!
```

③ 拷贝目录。当成功拷贝目录后,会生成拷贝后的目录,结果如下:

```
请输入您要操作的选项:2
请输入源路径:e:/pythonbook/chap2
请输入目标路径:e:/pythonbook/b
```

```
Project ▼
∨ ■ pythonbook  E:\pythonbook
  ∨ ■ a
      ■ main_备份.py
  ∨ ■ b
    ∨ ■ chap2_备份
        ■ __init___备份.py
        ■ chap2.0_备份.py
        ■ chap2.1.0_备份.py
        ■ chap2.1_备份.py
        ■ chap2.2_备份.py
        ■ project2.1_备份.py
```

习　　题

一、选择题

1. 以只读方式打开文本文件的模式是(　　)。
A. w　　　　B. a　　　C. r　　D. rb
2. 使用文件对象调用(　　)方法能够读取文件的所有内容。

A. read( )   B. readline( )
C. readlines( )   D. write

3. 获取文件当前读写位置的方法是（　　）。

A. seek( )   B. tell( )
C. find( )   D. index( )

4. OS 模块提供了（　　）方法创建目录。

A. rmdir( )   B. remove( )
C. listdir( )   D. mkdir( )

5. OS 提供了（　　）方法判断 path 是否是目录。

A. isdir(path)   B. getcwd(path)
C. exsits(path)   D. basename(path)

二、填空题

1. 在 Python 中，创建或打开文件的格式是_____。

2. 通过文件对象调用_____方法将字符串写到文件中。

3. _____是 Python 提供的整理文件和目录的常用模块，它提供了很多处理文件和目录的方法。

4. 使用_____方法获取文件的绝对路径。

5. 使用 OS 模块的_____方法遍历目录下的所有子目录和文件。

三、编程题

1. 读取并显示文件内容。

2. 从键盘输入 5 本书的名称和价格,写入文件中。

第10章 网络爬虫

随着大数据技术的发展，网络上每天都会有大量的非结构化的数据。如何在浩瀚的数据中获取有用的信息，网络爬虫便满足了这个需求。Python 语言简单易学，支持网络编程，有现成的爬虫框架，可以快速地实现网络爬虫。

本章涉及的主要知识点有：
- 网络爬虫概念。
- 使用 Beautiful Soup 爬取数据。
- 使用 Scrapy 框架实现爬虫。

10.1 初识网络爬虫

在网络爬虫出现之前，我们会使用搜索引擎获取需要的信息。所有引擎有一定的局限性，如有时候使用搜索引擎返回的结果中包含大量不关心的网页，不能很好地发现和获取图片、音频、视频多媒体等信息。为了解决搜索引擎的局限性，爬虫便应运而生。

网络爬虫，又称为网页蜘蛛、网络机器人，是一种按照一定规则，自动抓取网页信息的程序或脚本。按照系统结构和实现技术，可以将网络爬虫分成以下类型。

（1）通用网络爬虫（全网爬虫）

通用网络爬虫将爬行对象从一些种子 URL 扩充到整个 Web，主要为门户站点搜索引擎和大型 Web 服务提供商采集数据。特点是爬行范围广、数量巨大，爬行页面顺序要求低，采用并行工作方式。缺点是由于待刷新的页面太多，对爬行速度和存储空间要求较高，刷新时间长。

（2）聚焦网络爬虫（主题网络爬虫）

聚焦网络爬虫是指爬行与特定主题相关页面的网络爬虫，特点是只需要爬行与主题相关的页面，极大地节省了硬件和网络资源，页面更新快，还可以很好地满足一些特定人群对特定领域信息的需求。

（3）增量式网络爬虫

增量式网络爬虫是指对已下载网页采取增量式更新和只爬行新产生的或者已经发生变化网页的爬虫，它在一定程度上保证了爬行的页面是尽可能新的页面。特点是只爬行更新页面，减少了数据下载量，及时更新已爬行的网页，减少时间和空间上的耗费。缺点是增加了爬行算法的复杂度和实现难度。

（4）深层网络爬虫

深层网络爬虫主要是针对大部分内容不能通过静态链接获取的、隐藏在搜索表单后的，只有用户提交一些关键词才能获得的 Web 页面进行爬取。例如用户注册后内容才可见的网页。深层网络爬虫中可访问信息容量巨大，是互联网上最大、发展最快的新型信息资源。

10.2 requests 库

requests 是 Python 实现简单易用的 HTTP 库，比 urlib 库更简洁。requests 库可用于网络请求和网络爬虫等。下面将介绍 requests 库的安装和常用方法。

10.2.1 安装 requests 库

（1）使用命令行安装

以管理员身份运行 cmd，在 cmd 中执行以下命令：

```
pip install requests
```

（2）在 Pycharm 中安装第三方库

第 1 步：单击"file"→"Settings"菜单，如图 10-1 所示。

第 2 步：在弹出的"Settings"对话框中选择"Python Interpreter"，如图 10-2 所示。

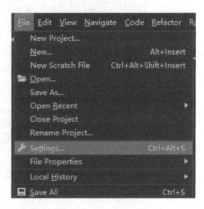

图 10-1 安装 requests 步骤 1

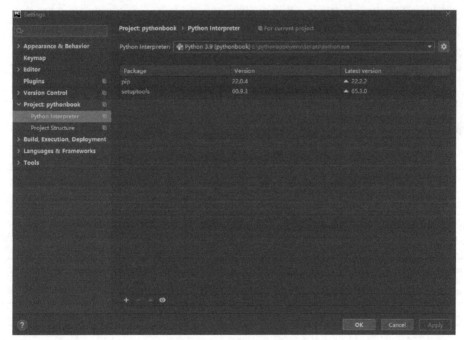

图 10-2 Settings 对话框

第 3 步：单击"Settings"对话框"+"按钮，弹出对话框，如图 10-3 所示。

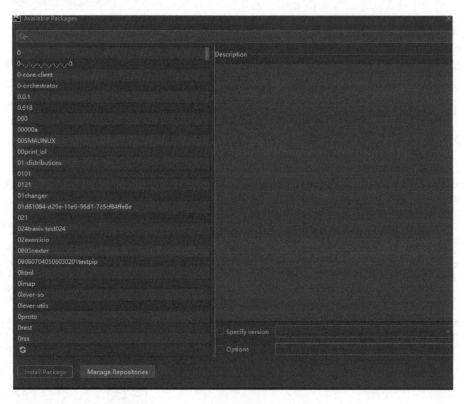

图 10-3 Available Packages 对话框

第 4 步：在"Available Packages"对话框的搜索框里输入要安装的库"reqeusts"，并单击左下角"Install Package"按钮，便开始安装。

安装"requests"成功后，在 Python 文件中引入"requests"库：

import requests

若运行上面代码，不出现错误便安装成功。其他库和模块也可以使用以上两种方法安装。

10.2.2 requests 爬取数据

requests 库中提供了很多 HTTP 请求的方法。常见的请求方法如表 10-1 所示。

表 10-1 常见的请求方法

函数	请求	描述
request(method, url, args)	支持各种请求	传递不同请求方式 methods 时，发送相应的请求
get(url, params, args)	GET 请求	获取 HTML 网页的主要方法，数据包含在 URL 里
post(url, data, json, args)	POST 请求	提交表单或上传文件时会用到 POST 请求，数据包含在请求体中
head(url, args)	HEAD 请求	主要获取网页头信息
put(url, data, args)	PUT 请求	用客户端传送的数据取代指定的内容
delete(url, args)	DELETE 请求	请求服务器提交删除请求

使用 requests 发送 GET 请求，能够很方便地获取请求页面。由于浏览器有反爬措施，若直接请求页面，很容易被禁止访问。因此在请求页面时，可以加入请求头信息，伪装成浏览器访问页面。在 Chrome 浏览中，按 F12 进入开发者模式，选择"Network"选项，在"Headers"

下获取 User-Agent 信息，如图 10-4 所示。

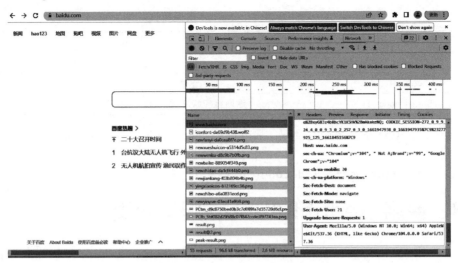

图 10-4　请求头信息

设置请求头字符串代码如下：

```
headers={"User-Agent":"Mozilla/5.0(Windows NT 10.0; Win64; x64) AppleWebKit/537.36(KHTML,like Gecko) Chrome/104.0.0.0 Safari/537.36"}
```

【案例 10-1】使用 requests 库爬取百度主页。

案例代码如下：

```
import requests
headers={"User-Agent":"Mozilla/5.0(Windows NT 10.0; Win64; x64) AppleWebKit/537.36(KHTML,like Gecko) Chrome/104.0.0.0 Safari/537.36"}
response=requests.get("http://www.baidu.com",headers=headers)
print(response.text)
```

上面代码中，使用 get() 方法发送请求后，会响应一个 Response 对象。调用 Response 对象的 text 属性能够获取相应的页面内容。运行效果如下：

```
<!DOCTYPE html>
<!--STATUS OK--><html> <head><meta http-equiv=content-type content=text/html;charset=utf-8><meta http-equiv=X-UA-Compatible content=IE=Edge><meta content=always name=referrer><link rel=stylesheet type=text/css href=http://s1.bdstatic.com/r/www/cache/bdorz/baidu.min.css><title>ç™¾åº¦ä¸€ä¸‹ï¼Œä½ å°±çŸ¥é“</title></head> <body link=#0000cc> <div id=wrapper> <div id=head> <div class=head_wrapper> <div class=s_form> <div class=s_form_wrapper> <div id=lg> <img hidefocus=true src=//www.baidu.com/img/bd_logo1.png width=270 height=129> </div> <form id=form name=f action=//www.baidu.com/s class=fm> <input type=hidden name=bdorz_come value=1> <input type=hidden name=ie value=utf-8> <input type=hidden name=f value=8> <input type=hidden name=rsv_bp value=1> <input type=hidden name=rsv_idx value=1> <input type=hidden name=tn value=baidu><span class="bg s_ipt_wr"> <input id=kw name=wd class=s_ipt value maxlength=255 autocomplete=off autofocus></span><span class="bg s_btn_wr"> <input type=submit id=su value=ç™¾åº¦ä¸€ä¸‹ class="bg s_btn"></span> </form> </div> </div> <div id=u1> <a href=http://news.baidu.com name=tj_trnews class=mnav>æ–°é—»</a> <a href=http://www.hao123.com name=tj_trhao123 class=mnav>hao123</a> <a href=http://map.baidu.com name=tj_trmap class=mnav>åœ°å›¾</a> <a href=http://v.baidu.com name=tj_trvideo class=mnav>è§†é¢‘</a> <a href=http://tieba.baidu.com name=tj_trtieba class=mnav>è´´å§</a> <noscript> <a href=http://www.baidu.com/bdorz/login.gif?login&amp;tpl=mn&amp;u=http%3A%2F%2Fwww.baidu.com%2f%3fbdorz_come%3d1 name=tj_login class=lb>ç™»å½•</a> </noscript> <script>document.write('<a href="http://www.baidu.com/bdorz/login.gif?login&tpl=mn&u='+ encodeURIComponent(window.location.href+ (window.location.search === "" ? "?" : "&")+ "bdorz_come=1")+ '" name="tj_login" class="lb">ç™»å½•</a>');</script> <a href=//www.baidu.com/more/ name=tj_briicon class=bri style="display: block;">æ›´å¤šäº§å“</a> </div> </div> </div> <div id=ftCon> <div id=ftConw> <p id=lh> <a href=http://home.baidu.com>å…³äºŽç™¾åº¦</a> <a href=http://ir.baidu.com>About Baidu</a> </p> <p id=cp>&copy;2017 Baidu <a href=http://www.baidu.com/duty/>ä½¿ç”¨ç™¾åº¦å‰å¿…è¯»</a>  <a href=http://jianyi.baidu.com/ class=cp-feedback>æ„è§å馈</a> äº¬ICPè¯030173å·  <img src=//www.baidu.com/img/gs.gif> </p> </div> </div> </body> </html>
```

Response 对象提供了获取相应信息的一些属性，如表 10-2 所示。

表 10-2　Response 常用属性

属性	描述
text	返回相应内容
content	返回相应内容的二进制形式
Status_code	返回相应状态码，200 表示成功，404 表示失败

前面的案例 10-1 的结果中有乱码，那可以用 content()方法获取相应内容，再设置编码格式，代码如下：

```
print(response.content.decode('utf-8'))
```

10.3　使用 BeautifulSoup 爬取网页

BeautifulSoup 是 Python 的一个 HTML 或 XML 的解析库，可以用它轻松解析 requests 库请求的页面，方便地从页面中过滤获取数据，目前使用的是 Beautiful Soup4 版本（bs4）。

使用 BeautifulSoup 之前需要安装 bs4 库和 lxml 库，在 cmd 中输入以下命令：

```
pip install bs4
pip install lxml
```

也可以在 Pycharm 中安装 bs4，步骤和 requests 模块安装步骤相同。安装好 bs4 后，在 Python 文件中引入 bs4 模块的 BeautifulSoup 类便可以使用了，代码如下：

```
from bs4 import BeautifulSoup
```

10.3.1　解析器

BeautifulSoup 支持的解析器：Python 标准库、lxml 和 html5lib，如表 10-3 所示。

表 10-3　BeautifulSoup 支持的解析器

解析器	使用方法	特点
Python 标准库	BeautifulSoup(markup, "html.parser")	① 执行速度适中 ② 文档容错能力强 ③ Python 2.7.3 及 Python 3.2.2 之前的版本文档容错能力差
lxml HTML	BeautifulSoup(markup, "lxml")	① 速度快 ② 文档容错能力强 ③ 需要安装 C 语言库
lxml XML	BeautifulSoup(markup, ["lxml","xml"]) BeautifulSoup(markup, "xml")	① 速度快 ② 唯一支持 XML 解析器 ③ 需要安装 C 语言库
html5lib	BeautifulSoup(markup, "html5lib")	① 最好的容错性 ② 以浏览器方式解析文档 ③ 生成 HTML5 格式的文档 ④ 速度慢 ⑤ 不依赖外部扩展包

【案例 10-2】使用 BeautifulSoup 解析百度主页获取的信息。

案例代码如下：

```
import requests
from bs4 import BeautifulSoup
```

```
headers={"User-Agent":"Mozilla/5.0(Windows NT 10.0; Win64; x64) AppleWebKit/
537.36(KHTML,like Gecko) Chrome/104.0.0.0 Safari/537.36"}
response=requests.get("http://www.baidu.com",headers=headers)
soup=BeautifulSoup(response.text,'html.parser')
print(soup.prettify())
```

prettify()方法将解析的HTML文档按标准缩进格式输出。运行结果如下：

```
<!DOCTYPE html>
<!--STATUS OK-->
<html>
 <head>
  <meta content="text/html;charset=utf-8" http-equiv="Content-Type"/>
  <meta content="IE=edge,chrome=1" http-equiv="X-UA-Compatible"/>
  <meta content="always" name="referrer"/>
  <meta content="#ffffff" name="theme-color"/>
  <meta content="全球领先的中文搜索引擎、致力于让网民更便捷地获取信息,找到所求。百度超过千
name="description"/>
  <link href="/favicon.ico" rel="shortcut icon" type="image/x-icon"/>
  <link href="/content-search.xml" rel="search" title="百度搜索" type="applicati
  <link href="//www.baidu.com/img/baidu_85beaf5496f291521eb75ba38eacbd87.svg" m
  <link href="//dss0.bdstatic.com" rel="dns-prefetch">
  <link href="//dss1.bdstatic.com" rel="dns-prefetch"/>
  <link href="//ss1.bdstatic.com" rel="dns-prefetch"/>
  <link href="//sp0.baidu.com" rel="dns-prefetch"/>
  <link href="//sp1.baidu.com" rel="dns-prefetch"/>
  <link href="//sp2.baidu.com" rel="dns-prefetch"/>
  <link href="https://psstatic.cdn.bcebos.com/video/wiseindex/aa6eef91f8b5b1a3
```

从上面的结果可以看到，解析后的结果和直接获取的结果有一定的区别，格式更加清晰，更容易过滤提取数据。

10.3.2 搜索元素

如何从爬取到的网页信息中获取有用的数据？可以使用 BeautifulSoup 库的 find()、find_all()和 selector()等内置方法搜索指定的数据元素。

（1）find_all()方法

使用 find_all()方法搜索符合条件的所有标签节点，并返回一个列表，格式如下：
soup.find_all(name,attrs,recursive,text,limit,**kwargs)
参数说明：
• name：搜索名字是 name 的所有标签，字符串对象会被自动忽略。值可以是字符串、正则表达式和列表。例如：
soup.find('p')：搜索所有 p 元素。
soup.find_all(['p', 'div'])：搜索所有 p 和 div 元素。
• attrs：表示一个属性，搜索所有包含该属性的元素。例如：
soup.find_all(class_='red')：搜索 class 属性为'red'的所有元素。
soup.find_all('div',class_='red')：搜索 class 属性为'red'的所有 div 元素。

soup.find_all('div',{'class':'red', 'id':'id1'})：搜索 id 为'id1'，class 为'red'的所有 div 元素。
- recursive：值为 True 或 False，True 表示获取所有子节点，False 表示只获取当前节点，不获取子节点。
- text：搜索文本内容为 text 的所有字符串，如：

soup.find(text='txt')：搜索所有'txt'字符串。

soup.fin(text=['txt', 'doc'])：搜索所有'txt'和'doc'字符串。
- limit：搜索部分数据，比如：

soup.find('div', limit=10)：搜索最多 10 个 div 元素。

（2）find()方法

使用 find()方法搜索符合条件的第一个标签节点，格式如下：

soup.find(name,attrs,recursive,text,**kwargs)

参数与 find_all()方法的参数用法相同。find()方法和 find_all()方法用法类似，不同之处是 find()方法返回搜索到的第一个元素，find_all()方法返回搜索到的所有元素。

（3）select()方法

除了标签、属性和文本搜索于元素以外，还可以使用 css 选择器进行搜索。BeautifulSoup 提供了 select()方法，实现 css 选择器搜索元素，格式如下：

soup.select(css 选择器)

其中 css 选择器可以分成以下几种。
- 标签：直接使用标签选择元素，如：

soup.select('div')：搜索所有 div。
- 类名：若在 html 元素中有 class 属性，则在 class 名称前加 "." 搜索元素，如：

soup.select('.red')：搜索 class 为 "red" 的元素。
- id：若在 html 元素中有 id 属性，则在 id 前加 "#" 搜索元素，如：

soup.select('#div1')：搜索 id 为 "div1" 的元素。
- 属性：若通过属性搜索，则使用中括弧[]将属性括起来。如：

Soup.select([href="http://www.baidu.com"])：搜索具有 href="http://www.baidu.com"属性的元素。
- 组合形式：将上面几种选择器组合在一起搜索。

10.4　[项目训练]爬取二手房信息

本项目是从二手房网站爬取前 10 页的二手房的信息，包括售房标题、房屋位置、几居室、面积和价格。

（1）项目目标
- 使用 urlib 库爬取网页；
- BeautifulSoup 解析网页信息。

（2）项目分析

北京某公司二手房售房页面如图 10-5 所示。

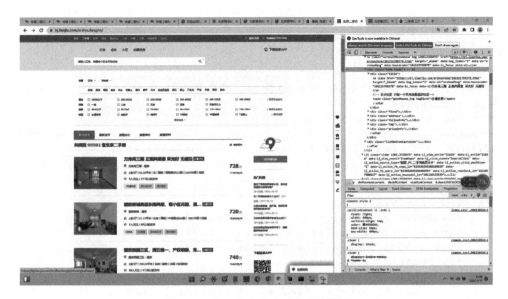

图 10-5　北京某公司二手房售房页面

在开发者模式下，查看到房屋信息对应的 html 代码。一个二手房对应的 html 代码如下：
`<div class="info clear"><div class="title"><a class="" href="https://bj.lianjia.com/ershoufang/101115798378.html" target="_blank" data-log_index="1" data-el="ershoufang" data-housecode="101115798378" data-is_focus="" data-sl="">方舟苑三期 正规两居室 采光好 无遮挡</a><!--拆分标签 只留一个优先级最高的标签--><span class="goodhouse_tag tagBlock">必看好房</span></div><div class="flood"><div class="positionInfo"><span class="positionIcon"></span><a href="https://bj.lianjia.com/xiaoqu/1111027374464/" target="_blank" data-log_index="1" data-el="region">方舟苑三期</a> -<a href="https://bj.lianjia.com/ershoufang/wangjing/" target="_blank">望 京</a></div></div><div class="address"><div class="houseInfo"><span class="houseIcon"></span>2室1厅 | 93.35平米 | 东 | 精装 | 高楼层(共23层) | 2005年建 | 塔楼</div></div><div class="followInfo"><span class="starIcon"></span>8 人关注 /2 个月以前发布</div><div class="tag"><span class="isVrFutureHome">VR 看装修</span><span class="taxfree">房本满五年</span><span class="haskey">随时看房</span></div><div class="priceInfo"><div class="totalPrice totalPrice2"><i></i><span class="">728</span><i>万</i></div><div class="unitPrice" data-hid="101115798378" data-rid="1111027374464" data-price="77987"><span>77,987 元/平</span></div></div></div>`

分析代码中售房标题、房屋位置、几居室、面积和价格信息的样式：

① 一套二手房信息：`<div class="info clear">`；

② 二手房标题信息：`<div class="title">`中的文本部分；

③ 二手房位置信息：`<div class="flood">`中的文本信息；

④ 二手房几居室信息：在`<div class="address">`中，包括了几居室、面积、朝向、装修情况、楼层、建筑年代、楼形等信息，每个信息之间使用"|"分割，分割后的第一个数据便是几居室；

⑤ 二手房面积信息：在第④步分割了房屋详细信息后的第二数据便是面积；

⑥ 二手房价格信息：`<div class="totalPrice totalPrice2">`中的文本信息。

除此之外，要爬取二手房前十页信息，网址如下：

https://bj.lianjia.com/ershoufang/rs/

https://bj.lianjia.com/ershoufang/rs/pg2

https://bj.lianjia.com/ershoufang/rs/pg3

……

网址中的数字表示了第几页。

（3）项目代码

① 引入 requests 模块和 BeautifulSoup 模块，设置 headers 信息。

```
import requests
from bs4 import BeautifulSoup
headers={"User-Agent":"Mozilla/5.0(Windows NT 10.0; Win64; x64) AppleWebKit/537.36(KHTML,like Gecko) Chrome/104.0.0.0 Safari/537.36"}
```

② 创建一个函数 findHouse()方法，该方法的功能是获取指定网址中所有二手房的售房标题、房屋位置、几居室、面积和价格信息，并打印输出。

```
def findHouse(url):
    response=requests.get(url,headers=headers)
    soup=BeautifulSoup(response.text,'html.parser')
    houses=soup.find_all('div',class_='info clear')
    for house in houses:
        title=house.find(class_='title').a.text
        position=house.find(class_='flood').text
        house_info=house.find(class_='address').text.split('|')
        bedroom=house_info[0].strip()
        area=house_info[1].strip()
        price=house.find(class_='totalPrice totalPrice2').text
        print(title,';',position,';',bedroom,';',area,';',price)
```

③ 获取前 10 页中二手房信息。

```
for page in range(11):
    url="https://bj.lianjia.com/ershoufang/pg"+str(page)+"/"
    findHouse(url)
```

（4）项目测试

运行代码，结果如下：

```
红玺台东户，安静，双卧南向，双客厅设计 ； 红玺台     -  太阳宫    ； 4室3厅 ； 226.15平米 ；   3800万
长城国际东向小户型，随时可看，业主诚心出售  长城国际    -  通州北苑   ； 1室1厅 ； 48.52平米  ；   183万
此房是满五年，户型方正，采光好。 ； 小营东路7号院  -  清河     ； 3室2厅 ； 106.19平米 ；   810万
东区四期  高楼层 全天采光 看房随时 满五年唯一 ； 珠江罗马嘉园东区 -  朝青    ； 3室2厅 ； 144.53平米 ；   1220万
西南二环  牛街商圈国资委宿舍户型好  电梯直达交通便利 ； 南线阁37号院 -  牛街     ； 3室1厅 ； 156.43平米 ；   1750万
御景山南北通透三居室，户型方正，视野采光好 ； 御景山     -  杨庄     ； 3室2厅 ； 147.41平米 ；   826万
潘家园，客厅带明窗,全明格局,采光好,满五年唯一 ； 潘家园小区   -  潘家园    ； 3室1厅 ； 72.52平米  ；   475万
精装修 双明卫 低楼层 交易仅契税 ； 天露园二区   -  回龙观    ； 3室1厅 ； 128.36平米 ；   549万
万寿路，板楼2层,满五年唯一，一梯两户,给换房周期 ； 翠微路25号院  -  公主坟    ； 3室1厅 ； 86.9平米   ；   930万
新华联家园南区  南北通透两居  满五唯一 格局方正 ； 新华联家园南区 -  果园     ； 2室2厅 ； 93.5平米   ；   399万
光熙门北里两居室 近地铁 交通便利 ； 光熙门北里   -  西坝河    ； 2室2厅 ； 62.05平米  ；   489万
远洋山水直观公园西山,视野采光好,我有钥匙看房找我 ； 远洋山水    -  鲁谷     ； 3室1厅 ； 134.27平米 ；   860万
融科橄榄城三期 南北通透两居 双明卫设计 户型方正 ； 融科橄榄城三期 -  望京     ； 2室2厅 ； 114.83平米 ；   1328万
阳光广场 复式结构 朝东不临街无遮挡 看房方便 ； 阳光广场    -  亚运村    ； 2室1厅 ； 149.84平米 ；   840万
爱这城二期 精装修三居，三卧朝南，带明卫，诚意卖 ； 爱这城二期   -  四惠     ； 3室2厅 ； 131.78平米 ；   1200万
珠江帝景 板楼南北三居半 两梯两户 拎包入住 ； 珠江帝景    -  大望路    ； 3室2厅 ； 179.94平米 ；   1799万
天通西苑一区，东南北通透，满五年唯一，双卧室朝南 ； 天通西苑一区  -  天通苑    ； 4室1厅 ； 169.33平米 ；   620万
高层直角阳台 看房随时 南北双通透 ； 国美第一城3号院 -  朝青    ； 3室1厅 ； 136.03平米 ；   819万
学府树家园五区 中间层 南北通透三居室 保持好 拎包住 ； 橡树湾三期   -  清河     ； 3室2厅 ； 160.15平米 ；   1860万
桃花岛 满五唯一 精装修 无遮挡 南北通透  桃花岛     -  梨园     ； 3室2厅 ； 116.46平米 ；   515万
此房是万科 满五年 楼层低 采光好 ； 万科城市花园  -  后沙峪    ； 3室2厅 ； 162.22平米 ；   560万
四区 南北通透 双卫 满五唯一 无遮挡 ； 彩虹城四区   -  赵公口    ； 3室1厅 ； 123.22平米 ；   820万
```

10.5　Scrapy 爬虫框架

Scrapy 是一个使用 Python 编写的开源爬虫框架，用简单、快速、可扩展的方式从网页中提取网页数据，是目前最常用的爬虫框架。Scrapy 除了可以爬取数据，还应用在数据挖掘、数据检测、自动化测试等领域。

10.5.1　环境搭建

在使用 Scrapy 框架之前需要先进行安装。在 cmd 终端输入以下命令：

pip install scrapy

安装了 scrapy 模块后，在终端输入"scrapy"命令测试是否安装成功，若安装成功，效果如下：

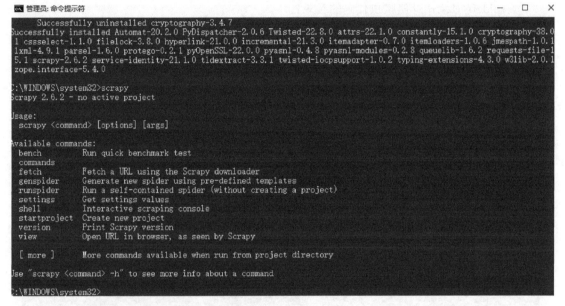

10.5.2　第一个 Scrapy 项目

（1）新建项目

在开始爬取数据之前，需要创建一个新的 Scrapy 项目。打开终端，进入存储代码的目录，输入以下命令创建 Scrapy 项目。

scrapy startproject 项目名称

【案例 10-3】创建 Scrapy 项目。

在终端输入以下命令：

scrapy startproject demo3

执行上面命令后，结果如下：

在 Pycharm 中，打开 Scrapy 项目后，文件结构如下：

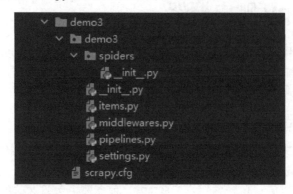

Scrapy 项目中文件和目录介绍：
① spiders 目录：存储爬虫代码的目录；
② items.py 文件：项目中需要获取的字段；
③ middlewares.py 文件：中间件文件；
④ pipelines.py 文件：管道文件，项目的存储方案；
⑤ settings.py 文件：项目的设置文件；
⑥ scrapy.cfg 文件：项目的配置文件。

（2）生成爬虫

在终端使用"cd"命令进入 Scrapy 项目，输入以下命令创建爬虫。
scrapy genspider 爬虫名称 网站域名
在终端输入命令为"demo3"项目创建爬虫，代码如下：
scrapy genspider movie_top "movie.douban.com"
运行上面的命令后，在"demo3"项目的"spiders"文件夹下生成爬虫文件"movie_top.py"，结果如下：

```
import scrapy


class MovieTopSpider(scrapy.Spider):
    name = 'movie_top'
    allowed_domains = ['movie.douban.com']
    start_urls = ['http://movie.douban.com/']

    def parse(self, response):
        pass
```

从运行效果可以看出，会自动创建 MovieTopSpider 类，该类继承了 scrapy.Spider 类。scrapy.Spider 类是所有爬虫类的基类。MovieTopSpider 类中包含了 name、allowed_domains、start_urls 属性和 parse()方法：
① name 属性：爬虫的名称；

② allowed_domains：爬取的目标网站域名，爬虫只能在这个域名下抓取网页；
③ start_urls：包含了 Spider 在启动时进行爬取的 url 列表。
④ parse()方法：每个初始 URL 完成下载后生成的 Response 对象将会作为唯一的参数传递给该函数。该方法有两个任务：
- 提取页面中的数据（re、XPath、css 选择器）；
- 提取页面中的链接，并产生对链接页面的下载请求。

获取豆瓣影评前 250 部电影信息。修改 move_top.py 文件，代码如下：

```python
import scrapy
class MovieTopSpider(scrapy.Spider):
    name='movie_top'
    allowed_domains=['movie.douban.com']
    start_urls=['http://movie.douban.com/top250/']
    def parse(self,response):
        filename="move_top.html"
        with open(filename,"w",encoding="utf-8") as f:
            f.write(response.text)
```

在上面代码中，将豆瓣电影 Top250 页面设置为爬取的起始页面。并在 parse()方法中，将爬取数据写到了 move_top.html 文件中。

（3）运行爬虫

在命令行输入以下命令运行爬虫：

scrapy craw 爬虫名称

打开终端，在 demo3 目录下，输入以下命令：

scrapy crawl move_top

执行上面的命令后，会在 demo3 项目下创建 move_top.html 文件，文件内容是爬取网页的数据信息。

10.5.3 Scrapy 框架操作流程

使用 Scrapy 框架制作爬虫需要以下 5 个步骤：
① 新建项目：使用 scrapy startproject projectname 命令创建项目。
② 定义要抓取的数据：通过 scrapy item 完成。
③ 制作爬虫：使用 scrapy genspider spidername domainname 命令生成爬虫，并制作爬虫，也可以自己在 spiders 目录下创建爬虫文件。
④ 存储数据：一般使用管道存储爬取内容。
⑤ 执行爬虫：使用 scrapy crawl spidername 命令执行爬虫。

上一节中已经介绍了创建项目、制作爬虫、执行爬虫，下面介绍定义抓取的数据、Scrapy shell、提取数据和存储数据。

（1）定义要抓取的数据

爬虫的主要目的是要从非结构化的数据源中提取出结构化的数据。Scrapy 提供了 Item 类，可以指定字段。Item 使用的方法和字典类似，但是相比字典 Item 多了保护机制，可以避免拼写错误或者定义错误。

创建好 Scrapy 项目后会生成 item.py 文件，该文件是用来定义抓取的数据。自动生成的 itme.py 文件代码如下：

```
import scrapy
class Demo3Item(scrapy.Item):
    # define the fields for your item here like:
    # name=scrapy.Field()
    pass
```

在上面代码中，生成了继承 scrapy.Item 类的 Demo3Item 类。scrapy.Item 类是所有 item 类的基类。之后在 Demo3Item 类中定义预备抓取的字段即可。

在案例 10-3 中抓取了豆瓣电影 top250 的数据，下面在 item 中定义从数据中提取电影名称、评分以及主演、导演、年份、电影类型、评分等数据。修改 item.py 文件，代码如下：

```
import scrapy
class Demo3Item(scrapy.Item):
    name=scrapy.Field()
    info=scrapy.Field()
    score=scrapy.Field()
```

（2）Scrapy shell

Scrapy shell 的目的是快速调试代码，而不用去运行爬虫。可以使用它来测试 xpath 或 css 表达式，查看其工作方式及从爬取的网页中提取的数据。在编写 spider 时，还提供了交互性测试表达式的功能，避免每次修改后运行 spider 的麻烦。

启动 Scrapy shell。进入项目的根目录，执行下面命令启动 Scrapy shell：

scrapy shell url

例如使用 Scrapy shell 测试豆瓣影评 top250 网页，命令如下：

scrapy shell "https://movie.douban.com/top250"

执行上面命令后，Scrapy 会使用 downloader 下载网页数据，并打印内置对象及功能函数列表，结果如下：

测试获取电影信息的命令如下：

（3）提取数据

提取数据是指从抓取的网页中提取出需要的数据，是一个大浪淘沙的过程。Scrapy 使用

Scrapy Selector 机制提取数据。Selector 有 4 个基本方法：
① xpath()：传入 xpath 表达式，返回该表达式所对应的所有节点的 selector list 列表；
② extract()：序列化选择器对象为 Unicode 字符串，并返回一个 list；
③ css()：传入 css 表达式，返回该表达式所对应的所有节点的 selector list 列表；
④ re()：根据传入的正则表达式对数据进行提取，返回字符串列表。
其中最常用的是 xpath()方法。

在案例 10-3 中抓取了豆瓣电影 top250 中所有数据信息，下面从这些数据中提取出电影名称、主演、导演、年份、电影类型、评分等数据。修改 movie_top.py 文件，代码如下：

```python
import scrapy
from demo3.items import Demo3Item
class MovieTopSpider(scrapy.Spider):
    name='movie_top'
    allowed_domains=['movie.douban.com']
    start_urls=['https://movie.douban.com/top250']
    def parse(self,response):
        movies=[]
        for i in range(1,26):
            value=response.xpath('//*[@id="content"]/div/div[1]/ol/li['+str(i)+']/div/div[2]')
            movie=Demo3Item()
            name=value.xpath('div[1]/a/span[1]/text()').extract()
            score=value.xpath('div[2]/div/span[2]/text()').extract()
            movie['name']=name[0]
            movie['score']=score[0]
            movies.append(movie)
        return movies
```

重新运行爬虫，在控制台输出爬取到的数据，部分数据结果如下：

```
{'info': '导演: 弗兰克·德拉邦特 Frank Darabont\xa0\xa0\xa0主演: 蒂姆·罗宾斯 Tim Robbins /...',
 'name': '肖申克的救赎',
 'score': '9.7'}
2022-09-18 12:37:59 [scrapy.core.scraper] DEBUG: Scraped from <200 https://movie.douban.com/top250>
{'info': '导演: 陈凯歌 Kaige Chen\xa0\xa0主演: 张国荣 Leslie Cheung / 张丰毅 Fengyi Zha..',
 'name': '霸王别姬',
 'score': '9.6'}
2022-09-18 12:37:59 [scrapy.core.scraper] DEBUG: Scraped from <200 https://movie.douban.com/top250>
{'info': '导演: 罗伯特·泽米吉斯 Robert Zemeckis\xa0\xa0\xa0主演: 汤姆·汉克斯 Tom Hanks /...',
 'name': '阿甘正传',
 'score': '9.5'}
2022-09-18 12:37:59 [scrapy.core.scraper] DEBUG: Scraped from <200 https://movie.douban.com/top250>
{'info': '导演: 詹姆斯·卡梅隆 James Cameron\xa0\xa0\xa0主演: 莱昂纳多·迪卡普里奥 Leonardo...',
 'name': '泰坦尼克号',
 'score': '9.4'}
2022-09-18 12:37:59 [scrapy.core.scraper] DEBUG: Scraped from <200 https://movie.douban.com/top250>
{'info': '导演: 吕克·贝松 Luc Besson\xa0\xa0\xa0主演: 让·雷诺 Jean Reno / 娜塔莉·波特曼 ...',
 'name': '这个杀手不太冷',
 'score': '9.4'}
2022-09-18 12:37:59 [scrapy.core.scraper] DEBUG: Scraped from <200 https://movie.douban.com/top250>
{'info': '导演: 罗伯托·贝尼尼 Roberto Benigni\xa0\xa0\xa0主演: 罗伯托·贝尼尼 Roberto Beni...',
 'name': '美丽人生',
 'score': '9.6'}
```

（4）存储数据

可以在 spider 类的 parseI()方法中，将提取的数据写入文件，以便保存数据。在案例 10-3 中便是使用写文件方式存储数据。除此之外，还可以在运行 Scrapy 项目时使用"-o"选项可

以将爬取到的数据存储到指定的文件中,格式如下:

scrapy crawl spidername-o 文件

其中常用的文件有以下 4 种:

① json 文件。

② json line 文件。

③ csv 文件。

④ xml 文件。

将豆瓣电影 top250 的第一页中的电影信息保存到 move_top.json 文件中,命令如下:

scrapy crawl movie_top-o movie_top.csv

执行上面的命令后,会生成 movie_top.csv 文件,部分内容如下:

```
info,name,score
导演:弗兰克·德拉邦特 Frank DarabontNBSPNBSPNBSP主演:蒂姆·罗宾斯 Tim Robbins /...,肖申克的救赎,9.7
导演:陈凯歌 Kaige ChenNBSPNBSPNBSP主演:张国荣 Leslie Cheung / 张丰毅 Fengyi Zha...,霸王别姬,9.6
导演:罗伯特·泽米吉斯 Robert ZemeckisNBSPNBSPNBSP主演:汤姆·汉克斯 Tom Hanks /...,阿甘正传,9.5
导演:詹姆斯·卡梅隆 James CameronNBSPNBSPNBSP主演:莱昂纳多·迪卡普里奥 Leonardo...,泰坦尼克号,9.4
导演:吕克·贝松 Luc BessonNBSPNBSPNBSP主演:让·雷诺 Jean Reno / 娜塔莉·波特曼...,这个杀手不太冷,9.4
导演:罗伯托·贝尼尼 Roberto BenigniNBSPNBSPNBSP主演:罗伯托·贝尼尼 Roberto Beni...,美丽人生,9.6
导演:宫崎骏 Hayao MiyazakiNBSPNBSPNBSP主演:柊瑠美 Rumi Hiragi / 入野自由 Miy...,千与千寻,9.4
导演:史蒂文·斯皮尔伯格 Steven SpielbergNBSPNBSPNBSP主演:连姆·尼森 Liam Neeson...,辛德勒的名单,9.6
导演:克里斯托弗·诺兰 Christopher NolanNBSPNBSPNBSP主演:莱昂纳多·迪卡普里奥 Le...,盗梦空间,9.4
```

10.6 [项目训练]爬取影评

本项目是使用 Scrapy 框架爬取豆瓣最受欢迎的影评,并将爬取的数据保存到 csv 文件中。

(1)项目目的

- 掌握 Scrapy 框架制作爬虫;
- 掌握 xpath 提取数据。

(2)项目分析

豆瓣最受欢迎的影评的网站是:https://movie.douban.com/review/best/ ,共有 5 页。每页的网址为:

- https://movie.douban.com/review/best/
- https://movie.douban.com/review/best/?start=20
- https://movie.douban.com/review/best/?start=40
- https://movie.douban.com/review/best/?start=60
- https://movie.douban.com/review/best/?start=80

爬取的数据包括:

- 发表评论的用户名。
- 评论标题。
- 评论内容。
- 评论时间。
- 评论推荐等级。
- 回应次数。

（3）项目代码

① 创建 Scrapy 项目。

scrapy startproject comment

② 生成爬虫。

scrapy genspider movieComment "movie.douban.com"

③ 设置 userAgent。打开 settings.py 文件，添加如下代码：

USER_AGENT="Mozilla/5.0(Windows NT 10.0; Win64; x64) AppleWebKit/537.36(KHTML,like Gecko) Chrome/104.0.0.0 Safari/537.36"

④ 定义抓取的数据。打开 items.py 文件，添加如下代码：

```
import scrapy
class CommentItem(scrapy.Item):
    name=scrapy.Field()
    title=scrapy.Field()
    content=scrapy.Field()
    time=scrapy.Field()
    grade=scrapy.Field()
    reply=scrapy.Field()
```

⑤ 提取数据。打开 movieComment.py 文件，添加如下代码：

```
import scrapy
from comment.items import CommentItem
class MoviecommentSpider(scrapy.Spider):
    name='movieComment'
    allowed_domains=['movie.douban.com']
    start_urls=["https://movie.douban.com/review/best"]
    url="https://movie.douban.com/review/best?start="
    page=1
    def parse(self,response):
        items=response.xpath('//*[@id="content"]/div/div[1]/div[1]/div/div')
        #/html/body/div[3]/div[1]/div/div[1]/div[1]/div[2]
        for item in items:
            comment=CommentItem()
            name=item.xpath("header/a[2]/text()").extract()
            title=item.xpath("div/h2/a/text()").extract()
            content=item.xpath("div/div[1]/div/text()").extract()
            time=item.xpath("header/span/text()").extract()
            grade=item.xpath("header/span[1]/@title").extract()
            reply=item.xpath("div/div[3]/a[3]/text()").extract()
            comment['name']=name[0].strip()
            comment['title']=title[0].strip()
            comment['content']=content[0].strip()
            comment['time']=time[0]
            if len(grade)==0:
                comment['grade']=''
            else:
                comment['grade']=grade[0]
            comment['reply']=reply[0].strip()
            yield comment
```

```
            while self.page<=5:
                url_page="https://movie.douban.com/review/best/?start="+str(self.page*20)
                self.page+=1
                yield scrapy.Request(url=url_page,callback=self.parse,meta={'item':item})
```

⑥ 执行爬虫，存储数据。

```
scrapy crawl movieComment-o comment.csv
```

（4）项目测试

执行爬虫后，会新建一个 comment.csv 文件，文件中是爬取的数据。

习　　题

一、选择题

1. 按照系统结构和实现技术，可以将网络爬虫分成（　　）类型。
   A. 通用网络爬虫　　　　　　　　B. 聚焦网络爬虫
   C. 增量式网络爬虫　　　　　　　D. 深层网络爬虫
2. 下列不属于 requests 库中 HTTP 请求的方法的是（　　）。
   A. get( )　　　B. post( )　　　C. request( )　　　D. text( )
3. BeautifulSoup 库中搜索符合条件的所有标签节点，并返回一个列的方法是（　　）。
   A. find( )　　　B. find_all( )　　　C. selector( )　　　D. select( )
4. Scrapy 项目中需要获取的字段放在（　　）文件中。
   A. items.py　　　　　　　　　　B. middleewares.py
   C. pipelines.py　　　　　　　　　D. settings.py
5. Scrapy 使用 Scrapy Selector 机制提取数据，下列属于 Selector 方法的是（　　）。
   A. xpath( )　　　B. extract( )　　　C. css( )　　　D. re( )

二、填空题

1. 安装 Requesst 库的命令是_____。
2. Response 对象的 text 属性返回_____。
3. _____是 Python 的一个 HTML 或 XML 的解析库，可以用它轻松解析 requests 库请求的页面，方便地从页面中过滤获取数据。
4. 在开始爬取数据之前，需要创建一个新的 Scrapy 项目。创建 Scrapy 项目的命令是_____。
5. 运行 Scrapy 项目时使用_____选项可以将爬取到的数据存储到指定的文件中。

三、编程题

1. 爬取 2023 年评分最高的 10 部电影的信息。
2. 爬取近一个月内 Python 职位招聘信息。

第11章 pandas 数据处理

pandas 是 Python 的核心数据分析支持库。它是一个分析结构化数据的工具集，常用于数据清洗、数据挖掘和数学分析。本章节重点讲解 pandas 库的相关知识和应用。

本章涉及的主要知识点有：
- 数组对象的创建，数据元素的访问、运算等。
- pandas 中 Series 和 DataFrame 对象的创建，Series 和 DataFrame 对象数据元素的访问、排序、运算等。
- pandas 读取 CSV 文件、EXCEL 文件。
- 使用 pandas 进行缺失值处理。
- 使用 pandas 进行重复数据处理。

11.1 pandas 数据结构

Series 和 DataFrame 是 pandas 最基本的两个数据结构。Series 是一维容器，DataFrame 是二维容器。

11.1.1 Series

Series 类似一维数组，可存储整数、浮点数、字符串、Python 对象等类型的数据。Series 由两部分组成：索引和数据，Series 中数据元素类型必须是一致的。如图 11-1 所示，Series 对象左侧的是索引，右侧的是数据。

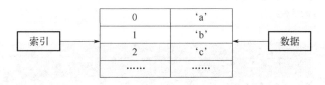

图 11-1　Series 结构

（1）创建 Series 对象

创建 Series 对象的方法格式如下：
```
pandas.Series(data,index,dtype,name,copy)
```
参数说明：

data：一组数据，可以是列表、字典、ndarray 等。

index：数据索引标签，必须唯一，长度和数据长度相同。若没有索引，则会自动生成 0～

n 的整数索引。

dtype：数据类型，若未制定，Python 会自己判断类型。

name：Series 对象名称。

copy：拷贝数据，默认为 False。

① 使用列表创建。使用列表创建图书的 Series 的案例代码如下：

```
import pandas as pd
book_list=['python 程序设计','mysql 数据库','网页设计']
book_series=pd.Series(book_list)
print(book_series)
```

上面代码中，只传递了数据，其他参数均用默认值，运行结果如下：

```
0    python程序设计
1    mysql数据库
2    网页设计
dtype: object
```

从结果可以看出，创建的 Series 对象的索引号为自动生成的 0～2，对应列表中的数据，根据 Python 判断，类型是 Object 类型。若为其设置索引，代码如下：

```
import pandas as pd
book_list=['python 程序设计','mysql 数据库','网页设计']
index_list=['第一本书','第二本书','第三本书']
book_series=pd.Series(book_list,index=index_list)
print(book_series)
```

运行上面代码，结果如下：

```
第一本书    python程序设计
第二本书    mysql数据库
第三本书    网页设计
dtype: object
```

② 使用字典创建对象。使用字典创建 Series 对象，字典元素的索引组成 Series 对象的索引列表。使用字典创建成绩的案例代码如下：

```
import pandas as pd
score_dict={'Python':90,'MySql':87,'Java':88}
score_series=pd.Series(score_dict)
print(score_series)
```

运行上面的代码，结果如下：

```
Python    90
MySql     87
Java      88
dtype: int64
```

（2）访问 Series 对象的元素

① 使用索引访问单个元素。可以使用索引和索引号两种方式访问 Series 对象的单个元素。下面是输出 Score_dict 的 "Mysql" 成绩的案例代码：

```
print(score_series['MySql'])
print(score_series[1])
```

上面案例中，第一行是通过索引"MySql"访问成绩，第二行是通过索引序号"1"访问

Mysql 成绩。运行上面代码,结果如下:

```
87
87
```

② 使用切片访问多个元素。切片访问 Series 对象元素格式如下:
series[[start]:[end]:[step]]

其中,start 表示起始索引号,end 表示结束索引号,step 表示步长,默认是 0。使用切片访问 score_series 对象的元素,案例代码如下:

```
print(score_series[0:2])
print(score_series[:-1])
print(score_series[1:])
print(score_series[0:3:2])
```

运行上面的代码,结果如下:

```
Python    90
MySql     87
dtype: int64
Python    90
MySql     87
dtype: int64
MySql     87
Java      88
dtype: int64
Python    90
Java      88
dtype: int64
```

11.1.2 DataFrame

DataFrame 是 pandas 的一个重要数据结构,类似于表格数据模型。DataFrame 对象包含了行索引(index)、列索引(columns)以及数据。DataFrame 对象结构如图 11-2 所示。

图 11-2 DataFrame 对象结构

(1) 创建 DataFrame 对象

创建 DataFrame 对象的方法格式如下:
pandas.DataFrame(data,index,columns,dtype,copy)
参数说明:
data: 传入的数据,可以是列表、字典、ndarray 等。

index：行索引，若没有设置 index，默认行索引是 0～n，n 代表行数-1。
columns：列索引，若没有设置 columns，默认值和 index 相同。
dtype：数据类型。
copy：拷贝数据，默认为 False。

① 创建空的 DataFrame 对象。创建空的 DataFrame 对象的案例代码如下：

```
import pandas as pd
df=pd.DataFrame()
print(df)
```

运行上面的代码，结果如下：

```
Empty DataFrame
Columns: []
Index: []
```

② 使用列表创建 DataFrame 对象。可以使用列表创建 DateFrame 对象。下面是创建学生信息的 DataFrame 对象案例代码：

```
import pandas as pd
student_list=[['小明','男',20],['小花','女',19],['小强','男',21]]
df=pd.DataFrame(student_list)
print(df)
```

运行上面的代码，结果如下：

```
   0    1   2
0  小明  男  20
1  小花  女  19
2  小强  男  21
```

从结果可以看出，行索引和列索引均使用了默认值，列表中的每一个元素对应的是 DataFrame 对象的一行数据。设置行索引和列索引的代码如下：

```
import pandas as pd
student_list=[['小明','男',20],['小花','女',19],['小强','男',21]]
num_list=['2022001','2022002','2022003']
column_list=['姓名','性别','年龄']
df=pd.DataFrame(student_list,index=num_list,columns=column_list)
print(df)
```

运行上面的代码，结果如下：

```
         姓名  性别  年龄
2022001  小明  男   20
2022002  小花  女   19
2022003  小强  男   21
```

③ 使用字典创建 DataFrame 对象。使用字典创建 DataFrame，则字典中的键的集合便是 DataFrame 对象的列索引，字典中的值是一列信息。使用字典创建成绩 DataFrame 对象，案例代码如下：

```
import pandas as pd
score_dict={'小明':[98,87,90],'小花':[70,67,78],'小强':[81,86,82],'小莉':[61,56,68]}
course_list=['python','Mysql','Java']
score_df=pd.DataFrame(score_dict,index=course_list)
```

```
print(score_df)
```
运行上面的代码,结果如下:

```
        小明  小花  小强  小莉
python  98   70   81   61
Mysql   87   67   86   56
Java    90   78   82   68
```

④ 使用 Series 对象创建 DataFrame 对象。使用 Series 对象创建集合,DataFrame 对象的列索引是 Series 的索引,DataFrame 对象的一列是 Series 数据。使用 Series 创建上面案例中的成绩 DataFrame 对象,案例代码如下:

```
import pandas as pd
name_list=['小明','小花','小强','小莉']
course_list=['python','mysql','java']
score_1=pd.Series([98,87,90],index=course_list)
score_2=pd.Series([70,67,78],index=course_list)
score_3=pd.Series([81,86,82],index=course_list)
score_4=pd.Series([61,56,68],index=course_list)
scpre_dict={'小明':score_1,'小花':score_2,'小强':score_3,'小莉':score_4}
score_df=pd.DataFrame(scpre_dict)
print(score_df)
```

(2) DataFrame 添加数据

DataFrame 对象创建完成后,可以添加行数据和列数据。

① 添加行数据。在 DataFrame 对象中添加一行数据项,格式如下:

df.loc[行索引]=数据项

其中 df 是 DataFrame 对象。向 score_dict 对象中添加一行数据,案例代码如下:

```
score_df.loc['网页设计']=[92,76,80,63]
print(score_df)
```

运行结果如下:

```
          小明  小花  小强  小莉
python    98   70   81   61
mysql     87   67   86   56
java      90   78   82   68
网页设计   92   76   80   63
```

② 添加列数据。向 DataFrame 中添加一列数据,格式如下:

df[列索引]=数据项

其中 df 是 DataFrame 对象。向 score_dict 对象中添加一列数据,案例代码如下:

```
score_df['小刚']=[78,89,69,81]
print(score_df)
```

运行结果如下:

```
          小明  小花  小强  小莉  小刚
python    98   70   81   61   78
mysql     87   67   86   56   89
java      90   78   82   68   69
网页设计   92   76   80   63   81
```

（3）删除数据

可以使用 DataFrame 对象的 drop()删除行或列，格式如下：

`df.drop(labels,axis,index,columns,level,inplace ,errors)`

其中 df 是 DataFrame 对象。

- labels：要删除的列或者行，如果要删除多个，传入列表。
- axis：轴的方向，0 表示行，1 表示列，默认为 0。
- index：指定的一行或多行。
- columns：指定的一列或多列。

删除 score_dict 对象中"小刚"的成绩和"网页设计"课程成绩，代码如下：

```
print("删除网页设计成绩")
score_df.drop('网页设计',inplace=True)
print(score_df)
print("删除小刚的成绩")
score_df.drop('小刚',axis=1,inplace=True)
print(score_df)
```

运行结果如下：

```
删除网页设计成绩
        小明  小花  小强  小莉  小刚
python  98  70  81  61  78
mysql   87  67  86  56  89
java    90  78  82  68  69
删除小刚的成绩
        小明  小花  小强  小莉
python  98  70  81  61
mysql   87  67  86  56
java    90  78  82  68
```

11.2 DataFrame 常用基本操作

11.2.1 DataFrame 常用属性和方法

（1）获取 DataFrame 形状

使用 DataFrame 对象的 shape 属性获取形状，即行数和列数。打印输出 score_df 形状的代码如下：

`print(score_df.shape)`

运行上面的代码，结果如下：

```
(3, 4)
```

（2）获取 DataFrame 前 n 行

使用 DataFrame 对象的 head(n)获取前 n 行数据，若没有设置 n 则返回前 5 行数据。打印输出 score_df 前两行数据的代码如下：
print(score_df.head(2))
运行上面的代码，结果如下：

```
        小明  小花  小强  小莉
python  98   70   81   61
Mysql   87   67   86   56
```

（3）获取 DataFrame 后 *n* 行

使用 DataFrame 对象的 tail(n)获取后 *n* 行数据，若没有设置 *n* 则返回后 5 行数据。打印输出 score_df 后两行数据的代码如下：
print(score_df.tail(2))
运行上面的代码，结果如下：

```
       小明  小花  小强  小莉
Mysql  87   67   86   56
Java   90   78   82   68
```

（4）获取 DataFrame 的行索引列表

使用 DataFrame 对象的 index 属性获取行索引列表。打印输出 score_df 行索引列表的代码如下：
print(score_df.index)
运行上面的代码，结果如下：

```
Index(['python', 'Mysql', 'Java'], dtype='object')
```

（5）获取 DataFrame 的列索引列表

使用 DataFrame 对象的 columns 属性获取列索引列表。打印输出 score_df 列索引列表的代码如下：
print(score_df.columns)
运行上面的代码，结果如下：

```
Index(['小明', '小花', '小强', '小莉'], dtype='object')
```

（6）获取 DataFrame 的数据

使用 DataFrame 对象的 values 属性获取数据列表。打印输出 score_df 数据列表的代码如下：
print(score_df.values)
运行上面的代码，结果如下：

```
[[98 70 81 61]
 [87 67 86 56]
 [90 78 82 68]]
```

（7）获取 DataFrame 的信息

使用 DataFrame 对象的 info 属性获取列相关信息。打印输出 score_df 相关信息的代码如下：
print(score_df.info)

运行上面的代码，结果如下：

```
<bound method DataFrame.info of         小明  小花  小强  小莉
python   98   70   81   61
Mysql    87   67   86   56
Java     90   78   82   68>
```

(8) 获取 DataFrame 的统计描述

使用 DataFrame 对象的 describe() 获取统计描述信息，包括计数、平均值、标准差、最小值、四分之一分位数、二分之一分位数、四分之三分位数和最大值。打印输出 score_df 统计描述的代码如下：

print(score_df.describe())

运行上面的代码，结果如下：

```
              小明         小花         小强         小莉
count     3.000000    3.000000    3.000000    3.000000
mean     91.666667   71.666667   83.000000   61.666667
std       5.686241    5.686241    2.645751    6.027714
min      87.000000   67.000000   81.000000   56.000000
25%      88.500000   68.500000   81.500000   58.500000
50%      90.000000   70.000000   82.000000   61.000000
75%      94.000000   74.000000   84.000000   64.500000
max      98.000000   78.000000   86.000000   68.000000
```

(9) 获取 DataFrame 中元素数据类型

使用 DataFrame 对象的 dtypes 属性获取数据类型。打印输出 score_df 数据类型的代码如下：

print(score_df.dtypes)

运行上面的代码，结果如下：

```
小明      int64
小花      int64
小强      int64
小莉      int64
dtype: object
```

(10) 获取行数

使用 len() 方法可以获取 DataFrame 对象的行数。打印输出 score_df 长度的代码如下：

print(len(score_df))

运行上面的代码，结果如下：

```
3
```

(11) 获取各列的长度

使用 DataFrame 对象的 count() 方法获取各列的长度。打印输出 score_df 对象各列长度的代码如下：

```
print(score_df.count())
```
运行上面的代码，效果如下：
```
小明    3
小花    3
小强    3
小莉    3
dtype: int64
```

（12）获取最小值和最大值

使用 DataFrame 对象的 max()方法和 min()方法获取各列数据的最大值和最小值。打印输出 score_df 对象各列的最大值和最小值代码如下：
```
print(score_df.max())
print(score_df.min())
```
运行上面的代码，结果如下：
```
小明    98
小花    78
小强    86
小莉    68
dtype: int64
小明    87
小花    67
小强    81
小莉    56
dtype: int64
```

11.2.2 访问数据

在 DataFrame 中，访问数据包括：列数据、行数据和行列数据元素。下面详细介绍访问数据方式。

（1）访问列数据

① 访问一列数据。访问 DateFrame 对象的一列数据的格式如下：

df[列索引]

打印输出 score_df 对象中"小明"的各科信息，代码如下：
```
print(score_df['小明'])
```
运行上面代码，结果如下：
```
python    98
Mysql     87
Java      90
Name: 小明, dtype: int64
```

② 访问多列数据

访问 DateFrame 对象多列数据的格式如下：

df[[列索引 1,列索引 2,…]]

访问多列时,需要将列名放在中括弧中。打印输出 score_df 对象中"小花""小强"的各科信息,代码如下:

print(score_df[['小花','小强']])

运行上面代码,结果如下:

```
        小花  小强
python  70  81
Mysql   67  86
Java    78  82
```

(2)访问行数据

① 使用 loc 访问行数据。可以使用 loc 访问 DateFrame 对象的一行数据或多行数据。若访问一行数引据,则通过行索引访问,若访问多行数据,则使用列表方式访问。格式如下:

df.loc[行索引]
df.loc[[行索引 1,行索引 2,…]]

打印输出 score_df 对象中"python"课程的成绩,以及"Mysql"和"Java"课程成绩,代码如下:

print(score_df.loc['python'])
print('*'*30)
print(score_df.loc[['Mysql','Java']])

运行上面代码,结果如下:

```
小明    98
小花    70
小强    81
小莉    61
Name: python, dtype: int64
******************************
       小明  小花  小强  小莉
Mysql  87  67  86  56
Java   90  78  82  68
```

② 使用 iloc 访问行数据。与 loc 相同,也可以使用 iloc 访问 DateFrame 对象的一行数据或多行数据。不同的是,loc 使用自定义索引访问行数据,iloc 中使用自动生成的整数索引号访问行数据。格式如下:

df.iloc[行索引号]
df.iloc[[行索引号 1,行索引号 2,…]]
df.iloc[[行索引号 1:行索引号 2]]

其中,第一种格式是访问一行数据,第二种格式是使用列表方式访问多行,第三种格式是使用切片访问多行。

打印输出 score_df 对象中"python"课程的成绩,"Mysql"和"Java"课程成绩,以及"python"和"Mysql"课程,代码如下:

print(score_df.iloc[0])
print('*'*30)
print(score_df.iloc[[1,2]])
print('*'*30)
print(score_df.iloc[0:2])

运行上面代码，结果如下：

```
小明    98
小花    70
小强    81
小莉    61
Name: python, dtype: int64
****************************
       小明  小花  小强  小莉
Mysql  87   67   86   56
Java   90   78   82   68
****************************
       小明  小花  小强  小莉
python  98  70   81   61
Mysql   87  67   86   56
```

（3）访问数据元素

① 使用 at 访问数据元素。使用 at 访问数据元素格式如下：
df.at[行索引,列索引]
打印输出 score_df 对象中"小明"同学的"python"课程的成绩，代码如下：
print(score_df.at['python','小明'])
运行上面代码，结果如下：

```
98
```

② 使用 iat 访问数据元素。使用 iat 访问数据元素时，需要使用自动生成的行索引号和列索引号，格式如下：
df.at[行索引号,列索引号]
打印输出 score_df 对象中"小明"同学的"python"课程的成绩，代码如下：
print(score_df.iat[0,0])
运行上面代码，结果如下：

```
98
```

③ 使用 loc 访问数据元素。使用 loc 访问数据元素时，行索引和列索引必须是自定义的索引，格式如下：
其中，第一个格式返回单行单列对应的元素，第二个格式返回多行多列对应的格式。
df.loc[[行索引] ,[列索引]]
df.loc[[行索引1,行索引2,…] ,[列索引1,列索引2,…]]
打印输出 score_df 对象中"小花"同学的"Mysql"课程的成绩，"小花"和"小莉"的"python"和"Java"成绩，"小花"和"小莉"的所有课程成绩，代码如下：
print(score_df.loc[['Mysql'],['小花']])
print(score_df.loc[['python','Java'],['小花','小莉']])
print(score_df.loc[:,['小花','小莉']])
第三行代码的":"表示获取所有行。运行上面代码，结果如下：

```
       小花
Mysql  67
```

165

```
        小花    小莉
python   70    61
Java     78    68
        小花    小莉
python   70    61
Mysql    67    56
Java     78    68
```

④ 使用 iloc 访问数据元素

使用 iloc 访问数据元素时，行索引和列索引必须是自动生成的索引号，格式如下：

df.iloc[[行索引号] ,[列索引号]]

df.iloc[[行索引号 1,行索引号 2,…] ,[列索引号 1,列索引号 2,…]]

其中，第一个格式返回单行单列对应的元素，第二个格式返回多行多列对应的格式。

打印输出 score_df 对象中"小明"同学的"Mysql"和"Java"课程的成绩，"小花"和"小明"的"python"课程成绩，"小花"和"小强"的所有课的成绩，代码如下：

print(score_df.iloc[[1,2],0])
print(score_df.iloc[0,[0,1]])
print(score_df.iloc[:,[1,2]])

运行上面代码，结果如下：

```
Mysql    87
Java     90
Name: 小明, dtype: int64
小明    98
小花    70
Name: python, dtype: int64
        小花    小强
python   70    81
Mysql    67    86
Java     78    82
```

（4）条件选取数据

从 DataFrame 对象中获取满足条件的数据，可以使用布尔索引。使用布尔表达式筛选列元素的格式如下：

df[[列索引 1,列索引 2,…]][条件]
df[条件][[列索引 1,列索引 2,…]]

获取 student_dict 中男生信息、年龄小于 20 岁的学生信息、小于 20 岁的男生信息等，代码如下：

import pandas as pd
student_list=[['小明','男',20],['小花','女',19],['小强','男',18]]
num_list=['2022001','2022002','2022003']
column_list=['姓名','性别','年龄']
df=pd.DataFrame(student_list,index=num_list,columns=column_list)
print(df[df['性别']=='男'])
print(df[df['年龄']<20])
print(df[(df['年龄']<20) &(df['性别']=='男')])

```
print(df[['姓名','性别']][df['性别']=='男'])
```
运行上面代码，结果如下：

```
         姓名  性别  年龄
2022001  小明  男   20
2022003  小强  男   18
         姓名  性别  年龄
2022002  小花  女   19
2022003  小强  男   18
         姓名  性别  年龄
2022003  小强  男   18
         姓名  性别
2022001  小明  男
2022003  小强  男
```

11.2.3 数据排序

在数据处理的过程中，需要对数据进行排序，方便查看相关信息。在 DataFrame 中对数据排序有两种方式：按索引排序和按值排序。

（1）按索引排序

使用 sort_index()方法索引排序 DataFrame 对象数据。sort_index()方法格式如下：

df.sort_index(axis=0,level=None,ascending=True,inplace=False,kind= 'quicksort',na_position='last',sort_remaining=True,ingnore_index=False)

返回排序后的 DataFrame 对象。参数说明：

- axis：排序的方向，0 表示按行排序，1 表示按列排序，默认情况下是 0。
- level：若不是 None，则对指定索引级别的值进行排序。
- ascending：升序与降序排序，True 为升序，False 为降序，默认是 True。
- inplace：是否用排序后的数据框替换现有的数据框，True 表示替换，False 表示不替换。
- kind：有 3 种选项分别是"快速排序""合并排序""堆排序"，默认为"快速排序"。
- na_position：有 2 个选项分别是"first"和"last"，默认为"last"。"first"将 NaN 放在开头，"last"将 NaN 放在结尾。
- ignore_index：是否重置索引，True 表示重置索引，False 表示不重置索引，默认为 False。

对 score_df 进行索引排序，代码如下：

```
print(score_df)
print("*"*20,"默认排序","*"*20)
score_new=score_df.sort_index()
print(score_new)
print("*"*20,"按列索引降序排序","*"*20)
score_new=score_df.sort_index(axis=1,ascending=False)
print(score_new)
```

运行上面代码，结果如下：

```
        小明  小花  小强  小莉
python  98  70  81  61
Mysql   87  67  86  56
Java    90  78  82  68
```

```
******************* 默认排序 *******************
        小明   小花   小强   小莉
Java     90    78    82    68
Mysql    87    67    86    56
python   98    70    81    61
******************* 按列索引降序排序 *******************
        小莉   小花   小明   小强
python   61    70    98    81
Mysql    56    67    87    86
Java     68    78    90    82
```

（2）按值排序

使用 sort_values() 方法对 DataFrame 对象进行数据排序。sort_values() 方法格式如下：
df.sort_values(by,axis=0,ascending=True,inplace=False,kind='quick sort',na_position='last',ignore_index=False)
返回排序后的 DataFrame 对象。参数说明：
- by：指定排序的行索引或列索引。
- axis：axis=0 则 by="列索引"；axis=1 则 by="行索引"
- ascending：True 表示升序排序，也可以是[True,False]，即第一字段升序，第二个降序。
- inplace：是否用排序后的数据框替换现有的数据框，True 表示替换,False 表示不替换。
- kind：有 3 种选项分别是"快速排序""合并排序""堆排序"，默认为"快速排序"。
- na_position：有 2 个选项，分别是"first"和"last"，默认为"last"。"first"将 NaN 放在开头，"last"将 NaN 放在结尾。
- ignore_index：是否重置索引，True 表示重置索引，False 表示不重置索引，默认为 False。

下面对 score_df 进行排序，案例代码如下：
**print(score_df)
print("*"*20,"按小明的成绩排序","*"*20)
score_new=score_df.sort_values(by='小明')
print(score_new)
print("*"*20,"按 Java 成绩降序排序","*"*20)
score_new=score_df.sort_values(by='Java',axis=1,ascending=False)
print(score_new)**

运行上面代码，结果如下：

```
        小明   小花   小强   小莉
python   98    70    81    61
Mysql    87    67    86    56
Java     90    78    82    68
******************* 按小明的成绩排序 *******************
        小明   小花   小强   小莉
Mysql    87    67    86    56
Java     90    78    82    68
python   98    70    81    61
******************* 按Java成绩降序排序 *******************
        小明   小强   小花   小莉
python   98    81    70    61
```

```
Mysql    87  86  67  56
Java     90  82  78  68
```

11.2.4 数据分组

对 DataFrame 的数据进行分组，使用 groupby()函数。下面介绍 groupby()函数的具体使用方法。groupby()函数的格式如下：

df.groupby(by=None,axis=0,level=None,as_index=True,sort=True,group_keys=True,squeeze=False,**kwargs)

参数说明：

by：接收映射、函数、标签或标签列表，用于确定聚合的组。

axis：0 表示按行分组，1 表示按列分组。

as_index：True 表示以组标签为索引，False 表示不以组标签为索引，默认是 True。

首先生成一个学生信息的 DataFrame 对象，代码如下：

```
import pandas as pd
score_dict={'姓名':['小明','小花','小莉','小强','小明','小花','小莉','小强'],
            '课程':['Java','Java','Java','Java','Mysql','Mysql','Python','Python'],
            '成绩':[90,89,92,78,65,45,71,80]}
student_score=pd.DataFrame(score_dict)
print(student_score)
```

运行上面的代码，结果如下：

```
   姓名    课程  成绩
0  小明    Java  90
1  小花    Java  89
2  小莉    Java  92
3  小强    Java  78
4  小明   Mysql  65
5  小花   Mysql  45
6  小莉  Python  71
7  小强  Python  80
```

求每位同学的平均成绩，代码如下：

```
print(student_score)
score_average=student_score.groupby(by='姓名',as_index=False).mean()
print(score_average)
```

代码中 mean()方法的功能是求平均值。运行上面的代码，结果如下：

```
   姓名   成绩
0  小强  79.0
1  小明  77.5
2  小花  67.0
3  小莉  81.5
```

11.3 pandas 读取文件

数据采集后经常会存储到 CSV 文件、EXCEL 文件中。数据处理的第一步便是获取数据。

pandas 提供了读取和写入 CSV 文件、EXCEL 文件的方法。

11.3.1 读取 CSV 文件

读取 CSV 文件的格式如下：
`pd.read_csv(filepath_or_buffer,sep=',',header='infer',names=None,index_col=None,encoding='utf-8',…)`

参数说明：
- filepath_or_buffer：文件路径。
- sep：指定分隔符。
- header：指定哪一行用来作为列名，默认为 0。
- names：列名命名或重命名。
- encoding：指定编码格式，通常指定为"utf-8"。

读取"job_1.csv"文件的案例代码如下：
```
import pandas as pd
job_df=pd.read_csv('data/job_1.csv',encoding='utf-8')
print(job_df)
```

运行上面的代码，结果如下：

	职位名称	薪资	地区	经验	学历	招聘人数
0	python数据分析助教	1-1.5万/月	上海	1年经验	大专	1
1	资深 Python 工程师	2-4万/月	北京	5-7年经验	本科	若干
2	资深 Python 工程师	2-4万/月	北京	5-7年经验	本科	若干
3	初级python开发工程师	4.5-6千/月	广州	1年经验	大专	1
4	Python开发工程师	1-1.5万/月	深圳	2年经验	本科	1
5	Python开发工程师	1-1.5万/月	深圳	3-4年经验	本科	2
6	python研发工程师	1.2-1.6万/月	北京	2年经验	本科	1
7	Python开发工程师	0.7-1.4万/月	深圳	2年经验	本科	若干
8	Python开发工程师（高级）	2-2.5万/月	上海	5-7年经验	大专	1
9	Python 中级工程师	1-1.5万/月	广州	3-4年经验	大专	3
10	Python开发工程师	1-1.5万/月	上海	3-4年经验	本科	1
11	Python开发工程师	1.3-2.6万/月	上海	3-4年经验	本科	若干
12	Python开发工程师	0.6-1万/月	广州	2年经验	大专	2
13	Python开发工程师	1-1.5万/月	北京	2年经验	本科	若干
14	Python开发工程师	1-1.5万/月	深圳	3-4年经验	大专	1
15	Python高级开发工程师	1-1.5万/月	深圳	3-4年经验	本科	1

11.3.2 读取 EXCEL 表格文件

读取 EXCEL 文件的格式如下：
`pd.read_excel(io,sheet_name=0,header=0,names=None,index_col=None,…)`
参数说明：
- io：文件路径。
- sheet_name：指定分隔符。
- header：指定哪一行用来作为列名，默认为 0。
- names：列名命名或重命名。
- index_col：表示 Excel 文件中的列标题作为 DataFrame 对象的行索引。

读取"job_1.excel"文件的案例代码如下：
```
import pandas as pd
job_df=pd.read_csv('data/job_1.xlsx')
print(job_df)
```
运行上面的代码，结果如下：

	职位名称	薪资	地区	经验	学历	招聘人数
0	python数据分析助教	1-1.5万/月	上海	1年经验	大专	1
1	资深 Python 工程师	2-4万/月	北京	5-7年经验	本科	若干
2	资深 Python 工程师	2-4万/月	北京	5-7年经验	本科	若干
3	初级python开发工程师	4.5-6千/月	广州	1年经验	大专	1
4	Python开发工程师	1-1.5万/月	深圳	2年经验	本科	1
5	Python开发工程师	1-1.5万/月	深圳	3-4年经验	本科	2
6	python研发工程师	1.2-1.6万/月	北京	2年经验	本科	1
7	Python开发工程师	0.7-1.4万/月	深圳	2年经验	本科	若干
8	Python开发工程师（高级）	2-2.5万/月	上海	5-7年经验	大专	1
9	Python 中级工程师	1-1.5万/月	广州	3-4年经验	大专	3
10	Python开发工程师	1-1.5万/月	上海	3-4年经验	本科	1
11	Python开发工程师	1.3-2.6万/月	上海	3-4年经验	本科	若干
12	Python开发工程师	0.6-1万/月	广州	2年经验	大专	2
13	Python开发工程师	1-1.5万/月	北京	2年经验	本科	若干
14	Python开发工程师	1-1.5万/月	深圳	3-4年经验	大专	若干
15	Python高级开发工程师	1-1.5万/月	深圳	3-4年经验	本科	1

11.4 缺失值和重复数据处理

数据清洗是数据处理的关键步骤之一，目的在于除去数据中的脏数据，提高数据质量，为数据分析提供具有价值的数据。

11.4.1 缺失值处理

很多数据集都包含缺失数据，缺失数据有很多种表现，比如在数据库中缺失值用 NULL 表示，在一些编程语言中用 NA 表示缺失值，而在 pandas 中用 NaN 表示缺失值。在 pandas 中，NaN 不等于 0，不等于 False，也不等于空字符串。NaN 来自于 Numpy 库，表示形式有：NaN、NAN、nan。

11.4.1.1 检测缺失值

pandas 提供了 isnull()、isna()、notnull()和 notna()方法，用于测试某个值是否是缺失值。
- isnull() / isna()：若返回 True，则存在缺失值。
- notnull() / notna()：若返回 False，则存在缺失值。

下面创建一个 DataFrame 对象，检测是否有缺失值，代码如下：
```
import pandas as pd
import numpy as np
df=pd.DataFrame({'A':[1,2,3],'B':[4,np.nan,5],'C':[np.NaN,6,7]})
print(df.isnull())
print(df.isna())
```

运行上面的代码，结果如下：

```
       A      B      C
0  False  False   True
1  False   True  False
2  False  False  False
       A      B      C
0  False  False   True
1  False   True  False
2  False  False  False
```

从"job_2.csv"文件中读取数据，文件的内容如下：

	A	B	C	D	E	F
1	职位名称	薪资	地区	经验	学历	招聘人数
2	python数据分析助教	1.5	上海	1	大专	1
3	资深 Python 工程师	3	北京	5	本科	若干
4	资深 Python 工程师	3	北京	5	本科	若干
5	初级Python开发工程师		广州	1	本科	1
6	Python开发工程师	1	深圳		本科	1
7	Python开发工程师		深圳	3	本科	2
8	Python研发工程师	1.4	北京	2	本科	1
9	Python开发工程师	1.2	深圳	2	本科	若干
10	python开发工程师（高级）	2.3	上海	5	大专	1
11	Python 中级工程师	2			大专	3
12	Python开发工程师	1.3	上海	3	本科	1
13	Python开发工程师	2	上海	3	本科	若干
14	Python开发工程师		广州	2	大专	2
15	Python开发工程师	1.3	北京		本科	若干
16	Python开发工程师	1.3		3	大专	1
17	Python高级开发工程师	1.3	深圳	3	本科	1

读取文件，打印输出的代码如下：
```
import pandas as pd
job_df=pd.read_csv('data/job_2.csv',encoding='utf-8')
print(job_df)
```
运行上面代码，结果如下：

	职位名称	薪资	地区	经验	学历	招聘人数
0	python数据分析助教	1.5	上海	1.0	大专	1
1	资深 Python 工程师	3.0	北京	5.0	本科	若干
2	资深 Python 工程师	3.0	北京	5.0	本科	若干
3	初级python开发工程师	NaN	广州	1.0	本科	1
4	Python开发工程师	1.0	深圳	NaN	本科	1
5	Python开发工程师	NaN	深圳	3.0	本科	2
6	python研发工程师	1.4	北京	2.0	本科	1
7	Python开发工程师	1.2	深圳	2.0	本科	若干
8	Python开发工程师（高级）	2.3	上海	5.0	大专	1
9	Python 中级工程师	2.0	NaN	NaN	大专	3
10	Python开发工程师	1.3	上海	3.0	本科	1
11	Python开发工程师	2.0	上海	3.0	本科	若干
12	Python开发工程师	NaN	广州	2.0	大专	2
13	Python开发工程师	1.3	北京	NaN	本科	若干
14	Python开发工程师	1.3	NaN	3.0	大专	1
15	Python高级开发工程师	1.3	深圳	3.0	本科	1

从运行效果可以看出，文件中没有值的部分，在 DataFrame 对象中显示为缺失值 NaN。

11.4.1.2 缺失值处理

（1）删除缺失值

删除缺失值会损失信息，并不推荐删除，当缺失数据占比较低的时候，可以尝试使用删除缺失值。DataFrame 提供了 dropna()方法删除缺失值，格式如下：

```
df.dropna(axis=0,how='any',thresh=None,subset=None,inplace=False)
```
其中 df 是 DataFrame 对象。参数说明：

axis：删除缺失值的行或列。0 或"index"表示删除行，1 或"columns"表示删除列。

how：删除缺失值的方式，有"any"和"all"两个值，"any"表示只有一个缺失值则删除整行或整列，"all"表示所有值为缺失值时删除整行或整列。

thresh：保留至少有 N 个非 NaN 值的行或列。

subset：删除指定列的缺失值。

inplace：是否操作原数据，True 表示修改原数据，False 不会修改原数据。

下面删除"job_2.df"中缺失值，代码如下：

```
print("删除缺失值之前:",job_df.count())
job_new=job_df.dropna()
print("删除缺失值之后:",job_new.count())
print(job_new)
```

运行上面代码，结果如下：

```
删除缺失值之前行数： 职位名称    16
薪资         13
地区         14
经验         13
学历         16
招聘人数       16
dtype: int64
删除缺失值之后行数： 职位名称    9
薪资         9
地区         9
经验         9
学历         9
招聘人数       9
dtype: int64
              职位名称       薪资    地区    经验    学历   招聘人数
0      python数据分析助教      1.5    上海   1.0    大专     1
1      资深 Python 工程师    3.0    北京   5.0    本科    若干
2      资深 Python 工程师    3.0    北京   5.0    本科    若干
6      python研发工程师      1.4    北京   2.0    本科     1
7      Python开发工程师      1.2    深圳   2.0    本科    若干
8   Python开发工程师（高级）    2.3    上海   5.0    大专     1
10     Python开发工程师      1.3    上海   3.0    本科     1
11     Python开发工程师      2.0    上海   3.0    本科    若干
15   Python高级开发工程师     1.3    深圳   3.0    本科     1
```

从结果可以看出，新的 job_new 中没有 NaN 值。

（2）填充缺失值

填充缺失值是指用一个估算的值来替代缺失数。DataFrame 提供了 fillna()方法填充缺失值，格式如下：

df.fillna(value,method,axis,inplace,limit,downcast)

其中 df 是 DataFrame 对象。

- value：填充的值。
- method：填充方式，默认 None。"pad"和"ffill"表示使用缺失值前面的值填充缺失值，"backfill"表示使用缺失值后面的值填充缺失值。
- axis：填充缺失值的行或列。0 或"index"表示行，1 或"columns"表示列。
- limit：连续填充的最大数量。

① 用常量代替缺失值。使用常量代替缺失值是填充缺失值最简单的方法。下面将 job_df 中"经验"列的 NaN 用"0"代替，案例代码如下：

job_df['经验']=job_df['经验'].fillna(0)
print(job_df)

运行上面的代码，结果如下：

```
         职位名称      薪资    地区   经验   学历  招聘人数
0    python数据分析助教   1.5   上海   1.0   大专     1
1     资深 Python 工程师  3.0   北京   5.0   本科    若干
2     资深 Python 工程师  3.0   北京   5.0   本科    若干
3   初级python开发工程师   NaN   广州   1.0   本科     1
4     Python开发工程师   1.0   深圳   0.0   本科     1
5     Python开发工程师   NaN   深圳   3.0   本科     2
6     python研发工程师   1.4   北京   2.0   本科     1
7     Python开发工程师   1.2   深圳   2.0   本科    若干
8   Python开发工程师（高级） 2.3   上海   5.0   大专     1
9     Python 中级工程师   2.0   NaN   0.0   大专     3
10    Python开发工程师   1.3   上海   3.0   本科     1
11    Python开发工程师   2.0   上海   3.0   本科    若干
12    Python开发工程师   NaN   广州   2.0   大专     2
13    Python开发工程师   1.3   北京   0.0   本科    若干
14    Python开发工程师   1.3   NaN   3.0   大专     1
15   Python高级开发工程师  1.3   深圳   3.0   本科     1
```

② 使用统计量替换。也可以使用平均值、中位数、众数等填充缺失值。下面使用平均薪资填充"job_df"中缺失的薪资数据，案例代码如下：

salary=round(job_df['薪资'].mean(),1)
job_df['薪资']=job_df['薪资'].fillna(salary)
print(job_df)

运行上面的代码，结果如下：

```
         职位名称      薪资    地区   经验   学历  招聘人数
0    python数据分析助教   1.5   上海   1.0   大专     1
1     资深 Python 工程师  3.0   北京   5.0   本科    若干
2     资深 Python 工程师  3.0   北京   5.0   本科    若干
3   初级python开发工程师   1.7   广州   1.0   本科     1
```

```
4       Python开发工程师        1.0    深圳   NaN    本科    1
5       Python开发工程师        1.7    深圳   3.0    本科    2
6        python研发工程师        1.4    北京   2.0    本科    1
7       Python开发工程师        1.2    深圳   2.0    本科   若干
8   Python开发工程师（高级）     2.3    上海   5.0    大专    1
9       Python 中级工程师       2.0   NaN   NaN    大专    3
10      Python开发工程师        1.3    上海   3.0    本科    1
11      Python开发工程师        2.0    上海   3.0    本科   若干
12      Python开发工程师        1.7    广州   2.0    大专    2
13      Python开发工程师        1.3    北京   NaN    本科   若干
14      Python开发工程师        1.3   NaN   3.0    大专    1
15     Python高级开发工程师     1.3    深圳   3.0    本科    1
```

除了上面介绍的填充缺失值的方法外，还有其他处理缺失数据的方法，根据数据实际情况选择适合的缺失值处理方法。

11.4.2 重复数据处理

重复数据是指数据结构中每列的值都相同。一般情况下，重复数据的处理是删除。pandas 中提供了 duplicated()方法检测重复数据，drop_duplicates()方法删除重复数据。

（1）检测重复数据

使用 DataFrame 对象的 duplicated()方法检测重复数据，格式如下：

df.duplicated(subset,keep)

其中 df 是 DataFrame 对象，参数说明：

• subset：识别重复项的列索引或列索引序列，默认为所有列索引。

• keep：采用哪种方式保留重复项。"first"表示保留第一次出现的数据项，其他标记为重复值，"last"表示保留最后一次出现的重复项，其他标记为重复值，"False"表示标记所有重复值。

检测 DataFrame 对象中的重复数据的案例代码如下：

```
import pandas as pd
df=pd.DataFrame({
    'A':[1,2,3,1],
    'B':[4,5,6,4],
    'C':[7,8,9,7],
})
print(df)
print(df.duplicated())
```

运行上面代码，结果如下：

```
   A  B  C
0  1  4  7
1  2  5  8
2  3  6  9
3  1  4  7
0    False
1    False
2    False
3     True
dtype: bool
```

（2）删除重复数据

使用 DataFrame 对象的 drop_duplicates()方法删除重复值，格式如下：

df.drop_duplicates(subset,keep,inplace,ignore_index)

其中 df 是 DataFrame 对象。

- subset：识别重复项的列索引或列索引序列，默认为所有列索引。
- keep：采用哪种方式保留重复项。"first"表示删除第一次出现的数据项以外的其他重复项，"last"表示删除最后一次出现的数据项以外的其他重复项，"False"表示删除所有重复项。

删除 df 对象的重复数据的案例代码如下：

```
print(df)
df_new=df.drop_duplicates()
print(df_new)
```

运行上面的代码，结果如下：

```
   A  B  C
0  1  4  7
1  2  5  8
2  3  6  9
3  1  4  7
   A  B  C
0  1  4  7
1  2  5  8
2  3  6  9
```

11.5　[训练项目]招聘职位数据处理

从某招聘网站上爬取了北上广深地区的 10000 条招聘信息，保存到"job.csv"文件中。本项目从 CSV 文件中读取数据、清洗数据，最后再完成简单的数据分析。

（1）项目目的

- 掌握 DataFrame 对象的各种操作；
- 掌握 pandas 读取文件；
- 掌握简单的数据处理方法；
- 掌握简单的数据分析方法。

（2）项目分析

"job.csv"文件中有 10000 条数据项，完成数据读取、数据处理和数据分析：

① 读取数据。

② 数据处理：

- 删除重复数据。
- 删除缺失值数据。
- 添加"职位类别"列，根据"职位名称"设置其值为"java""python""大数据"和"人工智能"。若"职位名称"中没有包含以上关键字，则删除该数据项。

- "薪资"数据处理,将"薪资"数据设置为正数,删除异常薪资(小于3000,大于80000),使用同职位类别的薪资平均值填充薪资缺失值。
- "招聘人数"数据处理,将招聘人数为"若干"的值设置为1。
- "经验"数据处理,将经验分成"1-2年""3-4年""5年及以上"和"一年以下/应届生/经验不限"四类。

③ 数据分析:

- 显示"职位""薪资"和"地区"信息。
- 显示北京地区招聘信息。
- 显示北京地区Java职位招聘信息:"职位名称""薪资""经验"和"学历"信息。
- 统计每个城市的职位数量总和。
- 统计招聘各种经验的职位数量总和。
- 统计不同岗位平均薪资。

(3)项目代码与测试

① 读取"job.csv"文件数据。代码如下:

```
import numpy as np
import pandas as pd
import re
job_df=pd.read_csv('data/job.csv',encoding='utf-8')
print(job_df)
```

运行上面代码,结果如下:

```
              职位名称            薪资      地区      经验      学历  招聘人数
0         美团买菜BD推广       1-1.5万/月    北京    无需经验    招2人       2
1          全职副店长        6-8千/月     北京    2年经验    大专       1
2         网格站渠道经理      1.5-2万/月    上海    3-4年经验  招1人       1
3     售后技术支持工程师(MJ002852)  1-2万/月   广州    2年经验    本科     若干
4     Linux 系统框架工程师-小米电视  2-3.5万/月   北京    5-7年经验  本科     若干
...              ...          ...     ...     ...     ...     ...
99995       销售实习生(游戏)      6-8千/月   广州    1年经验    中专     若干
99996       销售实习生(游戏)      6-8千/月   广州    1年经验    中专     若干
99997       游戏推广实习生       6-8千/月   广州    1年经验    中专     若干
99998       销售代表(游戏行业)     0.8-1万/月  广州  在校生/应届生  中技    若干
99999     游戏平台专员+带薪培训     0.8-1万/月  广州  在校生/应届生  中技    若干

[100000 rows x 6 columns]
```

② 查看数据的相关信息,包括行列数、前10行数据以及列索引。代码如下:

```
print(job_df.shape)
print(job_df.head(10))
print(job_df.columns)
```

运行上面代码,结果如下:

```
(100000, 6)
          职位名称        薪资     地区    经验     学历  招聘人数
0     美团买菜BD推广   1-1.5万/月  北京  无需经验   招2人     2
1      全职副店长    6-8千/月    北京  2年经验   大专      1
```

```
2          网格站渠道经理         1.5-2万/月    上海   3-4年经验          招1人      1
3     售后技术支持工程师（MJ002852）      1-2万/月    广州    2年经验          本科      若干
4       Linux 系统框架工程师-小米电视     2-3.5万/月    北京   5-7年经验          本科      若干
5             内容合作         0.8-1.5万/月   上海    1年经验          本科       1
6             客户经营岗        1-1.5万/月    上海    2年经验          大专       2
7     美团买菜app地推-就近分配hlg     1-1.5万/月    广州    1年经验         招若干人     若干
8            网站运营客服        6-8千/月    广州    2年经验          大专       5
9          IT保安运维工程师      5-8千/月    广州    无需经验         本科        1
Index(['职位名称', '薪资', '地区', '经验', '学历', '招聘人数'], dtype='object')
```

③ 数据处理 1：删除重复数据。代码如下：

print("去重之前:",job_df.shape)
job_df.drop_duplicates(inplace=True,ignore_index=True)
print("去重之后:",job_df.shape)

运行上面代码，结果如下：

```
去重之前： (100000, 6)
去重之后： (85175, 6)
```

④ 数据处理 2：删除缺失数据。代码如下：

job_df.dropna(inplace=True)
print("去空之后:",job_df.shape)

运行结果如下：

```
去空之后： (83971, 6)
```

⑤ 数据处理 3：删除除了"java""python""大数据"和"人工智能"岗位以外的其他岗位。首先添加一列"职位类别"，只要"职位名称"中包含上述职位类别，则设置该职位类别，其他数据项的"职位类别"设置为NaN，最后删除"职位类别"为NaN的所有数据。代码如下：

postion_category=['java','python','大数据','人工智能']
job_df['职位名称']=job_df['职位名称'].apply(lambda x:x.lower())
job_df['职位类别']=np.NaN
for position in postion_category:
    job_df['职位类别'][job_df['职位名称'].apply(lambda x:position in x)]=position
job_df.dropna(subset='职位类别',inplace=True)
job_df=job_df.reset_index(drop=True)
print(job_df)

运行结果如下：

```
              职位名称              薪资    地区           经验     学历    招聘人数   职位类别
0       创新项目-java服务端开发工程师      25000   北京         3-4年    本科       1      java
1    资深/高级java技术架构师（成本管理方向）    20000   深圳        5年及以上   本科       2      java
2        大数据开发工程师(mj000880)   15000   上海         3-4年    本科       2     大数据
3             java开发          14000   深圳         3-4年    本科       3      java
4           python数据分析助教       10000   上海         1-2年    大专       1     python
...            ...            ...    ...          ...    ...     ...      ...
2577        大数据开发（2021届）      6000   深圳   一年以下/应届生/经验不限   本科      20    大数据
2578      直招大数据实习生/年底双薪      7000   深圳   一年以下/应届生/经验不限   大专       4    大数据
2579          java开发工程师      5000   北京    一年以下/应届生/经验不限   本科       5     java
2580          java开发实习生      6000   北京    一年以下/应届生/经验不限   本科       2     java
2582       初级java软件开发工程师     3000   北京    一年以下/应届生/经验不限   本科      10     java

[2578 rows x 7 columns]
```

⑥ 数据处理 4：薪资数据处理。

首先，创建 salay_clean()函数，功能是将给定的带字符的薪资转换为数字。代码如下：

```python
def salary_process(salary):
    salary_new=re.search(r'\d+\.?\d*',salary)
    if '万/月' in salary:
        result=int(float(salary_new[0])*10000)
    elif '千/月' in salary:
        result=int(float(salary_new[0])*1000)
    elif '万/年' in salary:
        result=int(float(salary_new[0])*10000/12)
    elif '千/年' in salary:
        result=int(float(salary_new[0])*1000/12)
    elif('天' in salary) or('小时' in salary):
        result=0
    elif('万' in salary) and('年' in salary):
        result=int(float(salary_new[0])*10000/12)
    elif('千' in salary) and('月' in salary):
        result=int(float(salary_new[0])*1000)
    else:
        result=0
    return result
job_df['薪资']=job_df['薪资'].apply(salary_process)
print(job_df.head(5))
```

运行上面代码，结果如下：

```
          职位名称                     薪资    地区    经验      学历  招聘人数   职位类别
0   创新项目-java服务端开发工程师        25000   北京   3-4年经验   本科      1      java
1   资深/高级java技术架构师（成本管理方向）  20000   深圳   5-7年经验   本科      2      java
2   大数据开发工程师 (mj000880)         15000   上海   3-4年经验   本科      2      大数据
3              java开发              14000   深圳   3-4年经验   本科      3      java
4         python数据分析助教           10000   上海    1年经验    大专      1      python
```

其次，删除异常薪资，小于3000、大于80000的薪资设为异常薪资。代码如下：

```python
job_df.drop(job_df[job_df['薪资']<3000].index,axis=0,inplace=True)
job_df.drop(job_df[job_df['薪资']>80000].index,axis=0,inplace=True)
```

最后，按职位类别的平均薪资填充薪资缺失值。代码如下：

```python
for position in postion_category:
    salary_mean=job_df['薪资'][job_df['职位类别']==position].mean()
    job_df['薪资'][job_df['职位类别']==position].fillna(salary_mean)
```

⑦ 数据处理 5：将"经验"中的"若干"用常数 1 代替。代码如下：

```python
job_df['招聘人数']=job_df['招聘人数'].apply(lambda x:1 if x=='若干' else int(x))

job_df.drop(job_df[job_df['招聘人数']>50].index,axis=0 ,inplace=True)
```

⑧ 数据处理 6：将"经验"数据统一设置为"1-2年""3-4年""5年及以上"和"一年以下/应届生/经验不限"。代码如下：

```python
def exprience_process(exprience):
    if exprience in ['1年经验','2年经验']:
        return '1-2年'
```

```
        elif exprience=='3-4年经验':
            return '3-4年'
        elif exprience in ['5-7年经验','8-9年经验','10年以上经验']:
            return '5年及以上'
        else:
            return '一年以下/应届生/经验不限'
job_df['经验']=job_df['经验'].apply(exprience_process)
```

⑨ 数据分析1：显示职位、薪资和地区。代码如下：

```
print(job_df[['职位名称','薪资','地区']])
```

运行上面代码，结果如下：

```
                       职位名称       薪资    地区
0           创新项目-java服务端开发工程师   25000    北京
1       资深/高级java技术架构师（成本管理方向）  20000    深圳
2            大数据开发工程师 (mj000880)  15000    上海
3                         java开发  14000    深圳
4                   python数据分析助教  10000    上海
...                         ...    ...   ...
2577              大数据开发（2021届）    6000    深圳
2578            直招大数据实习生/年底双薪    7000    深圳
2579                 java开发工程师    5000    北京
2580                 java开发实习生    6000    北京
2582            初级java软件开发工程师    3000    北京

[2578 rows x 3 columns]
```

⑩ 数据分析2：显示北京地区的职位招聘信息。代码如下：

```
print(job_df[job_df['地区']=='北京'])
```

运行上面代码，结果如下：

```
              职位名称      薪资   地区         经验      学历    招聘人数    职位类别
0    创新项目-java服务端开发工程师  25000  北京         3-4年    本科       1      java
13          java开发工程师   8000  北京         1-2年    本科       3      java
17          java开发工程师  14000  北京         3-4年    大专       2      java
22          资深python工程师 20000  北京       5年及以上   本科       1    python
40          java开发工程师  11000  北京         3-4年    本科       3      java
...              ...    ...   ...          ...    ...     ...       ...
2559        java开发工程师   7000  北京  一年以下/应届生/经验不限  本科      20      java
2573      大数据开发（2021届） 10000  北京  一年以下/应届生/经验不限  本科       5     大数据
2579        java开发工程师   5000  北京  一年以下/应届生/经验不限  本科       5      java
2580        java开发实习生   6000  北京  一年以下/应届生/经验不限  本科       2      java
2582   初级java软件开发工程师   3000  北京  一年以下/应届生/经验不限  本科      10      java

[363 rows x 7 columns]
```

⑪ 数据分析3：显示北京地区Java职位招聘信息，包括职位名称、薪资、经验、学历。代码如下：

```
print(job_df[['职位名称','薪资','经验','学历']],[(job_df['地区']=='北京')&(job_df['职位类别']=='java')])
```

运行上面代码，结果如下：

```
                 职位名称       薪资              经验     学历
0      创新项目-java服务端开发工程师   25000          3-4年    本科
1   资深/高级java技术架构师（成本管理方向）  20000         5年及以上  本科
2       大数据开发工程师（mj000880）  15000          3-4年    本科
3              java开发       14000          3-4年    本科
4           python数据分析助教   10000          1-2年    大专
...              ...         ...            ...    ...
2577      大数据开发（2021届）    6000  一年以下/应届生/经验不限   本科
2578    直招大数据实习生/年底双薪    7000  一年以下/应届生/经验不限   大专
2579         java开发工程师     5000  一年以下/应届生/经验不限   本科
2580         java开发实习生     6000  一年以下/应届生/经验不限   本科
2582     初级java软件开发工程师    3000  一年以下/应届生/经验不限   本科

[2578 rows x 4 columns] [0         True
```

⑫ 数据分析 4：获取北上广深招聘"java""python""大数据"和"人工智能"岗位数量。代码如下：

print(job_df.groupby(by='地区')['招聘人数'].sum())

运行上面代码，结果如下：

```
     地区    招聘人数
0    上海    2346
1    北京    1232
2    广州    1479
3   异地招聘    164
4    深圳    1507
```

⑬ 数据分析 5：统计不同经验招聘人数。代码如下：

print(job_df.groupby(by='经验',as_index=False)['招聘人数'].sum())

运行上面代码，结果如下：

```
              经验   招聘人数
0           1-2年   1851
1           3-4年   2627
2          5年及以上  1423
3  一年以下/应届生/经验不限   827
```

⑭ 数据分析 6：统计不同岗位的平均薪资。代码如下：

position_salary=job_df.groupby(by='职位类别')['薪资'].mean().reset_index()
position_salary['薪资']=position_salary['薪资'].apply(lambda x:int(x))
print(position_salary)

运行上面代码，结果如下：

```
    职位类别     薪资
0    java   12539
1  python   11288
2    人工智能  14420
3     大数据  15411
```

习 题

一、选择题

1. 下列选项中能获取 DataFrame 的行索引列表的是（　　）。
   A. shape　　　　　　　　B. index
   C. column　　　　　　　 D. head

2. 在 DataFrame 中，使用 at 访问（　　）。
   A. 一行数据　　　　　　　B. 一列数据
   C. 一个元素　　　　　　　D. 所有数据

3. 对 DataFrame 的数据进行分组，使用（　　）函数。
   A. groupby( )　　　　　　B. sort_values( )
   C. sort_index( )　　　　　D. find( )

4. pandas 中用于测试某个值是否是缺失的方法有（　　）。
   A. isnull( )　　　　　　　B. isna( )
   C. notnull( )　　　　　　 D. notna( )

5. 一般情况下，对重复数据的处理是进行删除，pandas 中提供了（　　）方法检测重复数据。
   A. duplicated( )　　　　　B. dropna( )
   C. drop_duplicates( )　　　D. isnull( )

二、填空题

1. _____和_____是 Pandas 最基本的两个数据结构。
2. 创建 Series 对象的方法是_____。
3. DataFrame 对象创建完成后，可以添加行数据和列数据。添加行数据的方式是_____，添加列数据的方式是_____。
4. 使用 loc 访问 DateFrame 对象的_____数据。
5. Pandas 中，读取 CSV 文件的方法是_____，写入 CSV 文件的方法是_____。

三、编程题

1. 根据第 10 章习题中爬取到的 Python 招聘职位信息，清空 Python 招聘信息中所有的空信息。
2. 根据第 10 章习题中爬取到的 Python 招聘职位信息，计算北京和上海地区的 Python 职位平均薪资。

第12章 数据可视化——matplotlib 绘图

随着大数据技术的发展，大数据已经融入各行各业。电子商务网站通过大数据可以根据用户的行为进行产品推送，提高消费者消费欲望，预测用户和产品的消费趋势；金融行业中可以依据客户消费习惯、消费额、现金流等数据，进行精准营销、风险管控、决策支持、产品设计；制造行业中，利用电商数据、移动互联网数据、零售数据，可以了解未来产品市场需求，合理规划产品生产数量，避免过剩。

数据可视化是数据分析和数据科学的关键技术之一。数据可视化将数据用图表的形式表现，使数据更直观，突出数据背后的规律与重要因素。本章重点介绍使用 matplotlib 库实现数据可视化。

本章涉及的主要知识点有：
- 使用 matplotlib 绘制折线图、柱状图、饼图、散点图等简单图表；
- 设置图表的标题、图例、坐标轴等属性；
- 使用 matplotlib 绘制子图。

12.1 数据可视化简介

数据可视化是借助图形化的手段表示数据。数据可视化之前需要完成数据的采集、清洗、预处理、分析和挖掘。之后再将提取的信息和数据进行可视化。Python 中提供了多个数据可视化库，常见的可视化库有 matplotlib、seaborn、ggplot、bokeh、pygal 和 pyecharts。

（1）matplotlib

matplotlib 是最流行的 Python 底层绘图库。使用 matplotlib 可以绘制静态图表、动态图表和交互式图表。

（2）seaborn

seaborn 对 matplotlib 进行了二次封装，提供了高度交互式界面，便于用户能够作出各种有吸引力的统计图表。大多数情况下，使用 seaborn 绘制更具有吸引力的图表，使用 matplotlib 绘制更多特色的图表。

（3）ggplot

ggplot 是基于 matplotlib 的可视化库。其核心理念是将数据、数据相关绘图、数据无关绘图分离；采用叠加图层的形式绘制图表；自由组合各种图形要素。

（4）bokeh

bokeh 是一个专门针对 Web 浏览器展示图表的 Python 交互式可视化库。Bokeh 提供了大型数据集的高性能交互功能，可以快速地绘制出优雅、简洁新颖的图表。可以快速地创建交互式的绘图、仪表盘和数据应用。

（5）pygal

pygal 是一个绘制可缩放矢量图形的 Python 库。若需要在不同尺寸的屏幕上显示图表，可以使用 pygal。它可以自动缩放、以适应屏幕大小，使得在任何设备上都呈现出美观的图表。

（6）pyecharts

ECharts 最初是由百度开发的一款基于 JavaScript 的数据可视化图表，提供了直观、生动、可交互、可个性化定制的数据可视化图表。pyecharts 是一个用于生成 ECharts 图表的 Python 库，它将 ECharts 和 Python 结合起来，方便在 Python 中生成图表。

12.2 matplotlib 的安装

使用 matplotlib 绘图前，需要安装 matplotlib 库。在命令行中输入下面命令：

pip install matplotlib

也可以在 Pycharm 中安装 matplotlib，步骤与之前模块安装步骤相同。

安装好 matplotlib 后，在 Python 文件中引入 matplotlib 便可以使用了，代码如下：

import matplotlib.pyplot as plt

pyplot 是 matplotlib 的子库，包含一些列的绘图函数，能够方便地绘制 2D 图表。使用 pyplot 库的 plot() 方法可以绘制最基本的二维图形，格式如下：

plt.plot(x,y,format_string,**kwargs)

参数说明：

- x：x 轴上的数据，可以是列表或数组；
- y：y 轴上的数据，可以是列表或数组；
- format_string：图表类型；
- **kwargs：设置指定属性。

【案例 12-1】绘制哈尔滨、北京、杭州和广州四个地区 9 月 11 日 12 小时气温的图表。

案例代码如下：

```
import matplotlib.pyplot as plt
time_list=range(10,22)
haerbin_temperature=[26,26,26,26,27,26,25,25,23,21,19,18]
beijing_temperature=[24,26,27,28,30,30,30,30,29,28,27,25]
hangzhou_temperature=[27,29,29,29,29,29,29,29,27,26,25,24]
guangzhou_temperature=[31,32,32,33,34,34,34,34,32,30,29,28]
plt.plot(time_list,haerbin_temperature,ls='-')
plt.plot(time_list,beijing_temperature,ls='--')
plt.plot(time_list,hangzhou_temperature,ls='-.')
plt.plot(time_list,guangzhou_temperature,ls=':')
plt.show()
```

在上面代码中，创建了一个时间列表 time_list，4 个地区的 12 小时温度列表，分别是 haerbin_temperature、beijing_temperature、hangzhou_temperature 和 guangzhou_temperature。使用 plt.plot()方法绘制了 x 轴为时间，y 轴为温度的折线图，最后使用 plt.show()方法展示图表。运行结果如下：

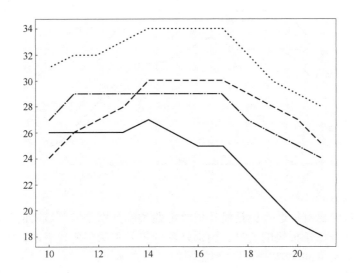

12.3 图表属性

常用的图表属性有标题、坐标轴、图例、网格参考线、参考线区域、注释文本、表格等。使用这些属性可以对图形进行补充说明。

12.3.1 添加标题和图例

（1）添加标题

使用 pyplot 模块的 title()方法添加图表标题，格式如下：

plt.title(label,fontdict=None,loc='center',pad=None,kwargs)**

参数说明：

- label：标题文本；
- fontdict：使用字典控制文本的外观，如文本大小、文本对齐等；
- loc：标题的位置，包括 left、center 和 right，默认为 center；
- pad：标题和图表顶端的距离，默认为 None；
- **kwargs：使用其他关键字设置文本属性。

【案例 12-2】为天气图表添加标题。

在案例 12-1 代码的 plt.plot()方法上面添加如下代码：

hplt.rcParams["font.sans-serif"]=["SimHei"]
plt.title("哈尔滨、北京、杭州和广州地区未来 12h 气温",loc="left",fontsize=14, color="red")

其中第一行代码是为了解决图表中的乱码问题，第二行便是设置图表的标题：标题内容、位置、文字大小及颜色，运行结果如下：

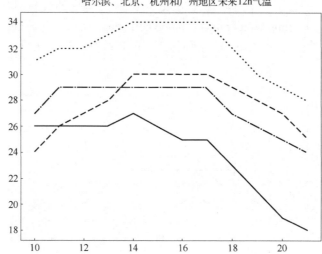

（2）添加图例

上面的图表虽然已有标题，但是没有描绘出四条线分别是哪个城市的气温，那便可以在图表中添加图例区分每条折线的信息。图例是各种符号和颜色所代表的内容与指标的说明。使用 pyplot 模块的 legend()方法为图表添加图例，格式如下：

plt.legend(handles,labels,loc,bbox_to_anchor,ncol,title,……)

参数说明：

- handles：图形标识组成的列表。
- labels：图例项组成的列表。
- loc：图例位置，默认是 best，取值支持字符串和数值，具体代表的位置信息如表 12-1 所示。

表 12-1　图例位置参数及对应的位置

值	位置	值	位置
0 或 'best'	自适应	1 或 'upper right'	右上方
2 或 'upper left'	左上方	3 或 'lower left'	左下方
4 或 'lower right'	右下方	5 或 'right'	右侧
6 或 'center left'	中心偏左	7 或 'center right'	中心偏右
8 或 'lower center'	中心偏下	9 或 'upper center'	中心偏上
10 或 'center'	居中		

- bbox_to_anchor：使用参数控制图例位置。可以接收两种形式的元素：(x,y,width,height) 和(x,y)，其中 x 是水平位置，y 是垂直位置，width 是宽度，height 是高度。
- ncol：图例的列数，默认是 1。
- title：图例标题，默认是 None。

【案例 12-3】为天气图表添加图例。

在案例 12-2 代码的 plt.show()方法前添加如下代码：

plt.legend(["哈尔滨","北京","杭州","广州"],loc='upper right')

运行结果如下：

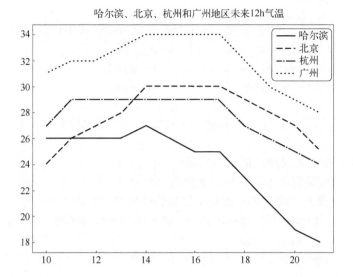

12.3.2 设置坐标轴的属性

（1）设置坐标轴标签

使用 pyplot 模块的 xlabel()方法和 ylabel()方法可以设置图表 x 轴和 y 轴的标签，格式如下：

plt.xlabel(xlabel,fontdict=None,labelpad=None,loc=None,**kwargs)
plt.ylabel(ylabel,fontdict=None,labelpad=None,loc=None,**kwargs)
参数说明：

- xlabel 和 ylabel：x 轴和 y 轴标签文本；
- fontdict：接收字典，用来控制文本样式；
- labelpad：标签与坐标轴的距离；
- Loc：x 轴的 loc 取值为 left、center 和 right，y 轴的 loc 取值为 bottom、center 和 top；
- **kwargs：用来设置文本外观的其他属性。

（2）设置坐标轴刻度范围

Matplotlib 可以根据 x 轴数据和 y 轴数据的取值范围来设置 x 轴和 y 轴的刻度范围。使用 pyplot 模块的 xlim()方法和 ylim()方法设置和获取图表中 x 轴和 y 轴的刻度范围，格式如下：

plt.xlim(left,right,xmin,xmax,**kwargs)
plt.ylim(bottom,top,ymin,ymax,**kwargs)
参数说明：

- left 和 bottmom：left 表示 x 轴左侧极值，bottom 表示 y 轴底部极值；
- right 和 top：right 表示 x 轴右侧极值，top 表示 y 轴顶部极值；
- xmin 和 ymin：xmin 表示 x 轴刻度最小值，ymin 表示 y 轴刻度最小值；
- xmax 和 ymax：xmax 表示 x 轴刻度最大值，ymax 表示 y 轴刻度最大值；
- **kwargs：用来设置文本外观的其他属性。

（3）设置坐标轴刻度

刻度是坐标轴上数据点的标记，matplotlib 能够自动地绘制出坐标轴刻度。pyplot 模块也提供了自定义坐标轴刻度的方法：xticks()和 yticks()，格式如下：

plt.xticks(ticks=None,labels=None,**kwargs)
plt.yticks(ticks=None,labels=None,**kwargs)

参数说明：

- ticks：表示刻度显示的位置列表和一个可选参数如果是空列表，则将删除所有 xticks 或 yticks；
- Labels：表示指定位置刻度的标签列表；
- **kwargs：用来设置文本外观的其他属性。

【案例 12-4】设置天气图表的 x 轴和 y 轴标签分别是"时间"和"温度"，设置 x 轴刻度范围是 8~24h，y 轴刻度范围是 10~40℃，设置 x 轴刻度标签为 8，9，10，…，24，设置 y 轴刻度标签为 10，13，16，…，40。

在案例 12-3 代码的 plt.show()方法前添加如下代码：

plt.xlabel("时间")
plt.ylabel("温度")
plt.xlim(8,24)
plt.ylim(10,40)
plt.xticks(list(range(8,25)))
plt.yticks(list(range(10,41,3)))

运行上面代码，结果如下：

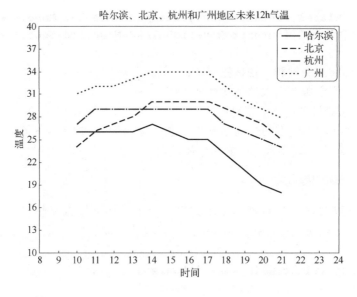

12.3.3 显示网格

网格是图表的辅助线条，可以使人们更轻松地查看图表中的数值。pyplot 模块提供了 grid()方法显示和隐藏网格，格式如下：

plt.grid(b=None,which='major',axis='both',**kwargs)

参数说明：

- b：是否显示网格线，取值为布尔值或 None。

- which：网格线的类型，取值为 major、minor 和 both，默认为 major。major 是主刻度，minor 是次刻度。
- axis：网格线显示的轴，取值为 both、x 和 y，默认为 both。
- **kwargs：线条的属性。

【案例 12-5】为天气图表设置网格线。

在案例 12-4 代码的 plt.show()方法前添加如下代码：

plt.grid(b=True,axis='both')

运行上面代码，结果如下：

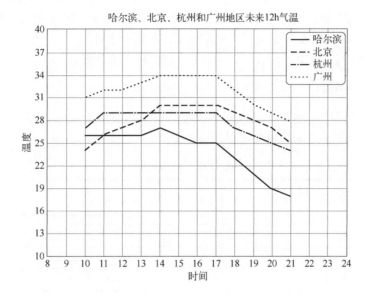

12.4 绘制简单图表

12.4.1 绘制折线图

前面介绍了使用 pyplot 模块的 plot()方法绘制折线图，下面重点介绍图表的样式设置。

（1）设置颜色

Matplotlib 中常用的设置颜色方法有：单词或单词缩写、十六进制和 RGB 模式。一般使用 color 属性设置颜色。

① 单词或单词缩写。Matplotlib 中最常用的 8 种颜色，可以使用单词和单词缩写方式表示，如表 12-2 所示。

表 12-2 单词或单词缩写表示颜色

单词	单词缩写	颜色
red	r	红色
green	g	绿色
blue	b	蓝色
yellow	y	黄色

续表

单词	单词缩写	颜色
cyan	c	蓝绿色
magenta	m	紫粉色
black	k	黑色
white	w	白色

② 十六进制。使用十六进制可以精确地制定颜色，以"#"开始，后面有六位十六进制的数。比如#FFB6C1 表示浅粉色，#87CEFA 表示淡蓝色，#FF4500 表示褐红色等。

③ RGB 模式。RGB 模式是由 3 个元素组成的元组，分别表示红色值、绿色值和蓝色值，每个元素取值为[0,1]。比如（1,1,1）表示白色，(0,0,0)表示黑色。

（2）设置线条类型

matplotlib 绘制图表，可以自定义线条类型，线条类型如表 12-3 所示。在 pyplot 模块中使用"linestyle"属性或"ls"属性设置线条类型。

表 12-3 线条类型

值	线条类型
'-'	实线
'--'	虚线
'-.'	虚点线
':'	断续线

（3）添加数据标记

在折线图中，每个线条是由数据标记和连线组成的，默认情况下隐藏了数据标记。数据标记可以使用圆点、正方形、三角形等标记表示，如表 12-4 所示。在 pyplot 模块中使用"marker"属性设置数据标记。

表 12-4 数据标记

值	样式	值	样式
"."	点	10	上箭头，位于基线上方
"1"	下三叉	"o"	圆形
"3"	左三叉	">"	右三角
"+"	加号	"^"	正三角
"×"	乘号	"8"	八边形
0	水平线，位于基线左方	"pP"	十字交叉形
2	垂直线，位于基线上方	"D"	正菱形
4	左箭头，位于基线右方	"h"	六边形 2
6	上箭头，位于基线下方	"p"	五边形
8	左箭头，位于基线左方	","	像素点

续表

值	样式	值	样式
"2"	上三叉	11	下箭头，位于基线下方
"4"	右三叉	"s"	正方形
"-"	水平线	"<"	左三角
"|"	垂直线	"∨"	倒三角
1	水平线，位于基线右方	"X"	叉形
3	垂直线，位于基线下方	"d"	长菱形
5	右箭头，位于基线左方	"H"	六边形 1
7	下箭头，位于基线上方	"*"	星形
9	右箭头，位于基线右方		

添加了标记后，还可以设置标记的大小和颜色。
- markersize 或 ms：设置标记大小。
- markerfacecolor 或 mfc：设置标记内部的颜色。
- markeredgecolor 或 mec：设置标记边框的颜色。

（4）字体样式设置

常用的字体样式如表 12-5 所示。

表 12-5　常用的字体样式

样式	描述
family 或 fontfamily	字体类别
size 或 fontsize	字体大小
style 或 fontstyle	字体风格，取值为：'normal''italic'或'oblique'
weight 或 fontweight	字体粗细，取值为 0~1000，或字符串表示的粗细，默认 400
variant 或 fontvariant	字体变体，取值为'normal'或'small-caps'
stretch 或 fontstretch	字体拉伸，取值 0~1000，或字符串。
rotation	文字角度，取值为'vertical'或'horizontal'

【案例 12-6】为天气图表设置线条样式、线条颜色及数据标记。

修改案例 12-5 代码中的 plt.plot()方法，代码如下：

```
plt.plot(time_list,haerbin_temperature,ls="--",color=(0.9,0.5,0.3),marker="s")
plt.plot(time_list,beijing_temperature,ls="-.",color="#457639",marker="*")
plt.plot(time_list,hangzhou_temperature,ls="-",color="r",marker=">")
plt.plot(time_list,guangzhou_temperature,ls=":",color="blue",marker=4)
```

运行上面代码，结果如下：

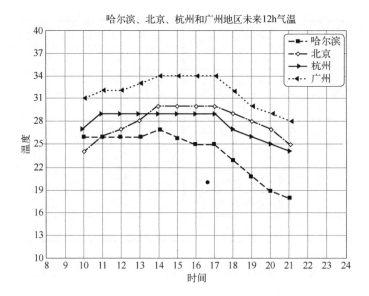

12.4.2 绘制柱形图

使用 pyplot 模块的 bar() 方法绘制柱形图，格式如下：

plt.bar(x,height,width,bottom,align,tickLabel,data=None,**kwargs)

参数说明：
- x：*x* 坐标轴的值；
- height：柱状图的高度；
- width：柱状图的宽度，取值为 0~1 之间，默认 0.8；
- bottom：*y* 轴的起始位置，默认为 0；
- align：柱状图对齐方式，取值为 center 或 edge，center 表示以 *x* 坐标为中心，edge 表示将条形的左边缘与 x 坐标对齐，默认是 center；
- tickLabel：柱形对应的刻度标签；
- **kwargs：其他属性设置。

【案例 12-7】绘制 5 个班级 python 课程的平均成绩的柱状图。

案例代码如下：

```
import matplotlib.pyplot as plt
import pandas as pd
plt.rcParams["font.sans-serif"]=["SimHei"]
scores=pd.Series({"1班":89,"2班":94,"3班":76,"4班":80,"5班":79})
plt.bar(scores.index,scores.values,width=0.4)
plt.title("python 平均成绩",fontsize=16,color="red")
plt.xlabel("班级")
plt.ylabel("成绩")
plt.show()
```

运行上面代码，结果如下：

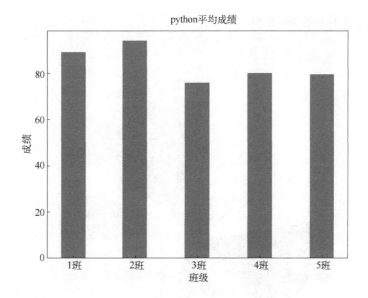

12.4.3 绘制饼图

一般用饼图展示不同分类的占比情况，通过每块的大小来对比各种分类。pyplot 模块中使用 pie()方法绘制饼图，格式如下：

plt.pie(x,explode,labels,autopct,pctdistance,shadow,labeldistance,startangle,radius,wedgeprops,textprops,center,frame,rotatelabels=False,*,normalize,data)

参数说明：
- x：绘图数据；
- explode：各部分之间的间距；
- labels：标签文本；
- autopct：控制饼图百分比设置；
- pctdistance：数值标签与圆心的距离；
- shadow：是否有阴影效果；
- labeldistance：各扇形标签与圆心的距离；
- startangle：饼图的初始角度；
- radius：饼图的半径；
- wedgeprops：饼图内外边界的属性，如边界线的粗细、颜色等；
- textprops：饼图中文本的属性，如字体大小、颜色等；
- center：指定饼图的中心位置，默认为（0,0）；
- frame：是否要显示饼图背后的图框。

【案例 12-8】显示某人 3 月份消费账单各类开销比例。
案例代码如下：

```
import matplotlib.pyplot as plt
plt.rcParams["font.sans-serif"]=["SimHei"]
kinds=['美食','购物','日用','通信','交通','娱乐','学习','其他']
costs=[1100,1000,800,100,900,300,700,500]
plt.pie(costs,labels=kinds,explode=[0.2,0.1,0.1,0.1,0.1,0.1,0.1,0.1],autopct="%.1f%%",startangle=30)
```

```
plt.title("3月份消费账单")
plt.show()
```
运行上面代码，结果如下：

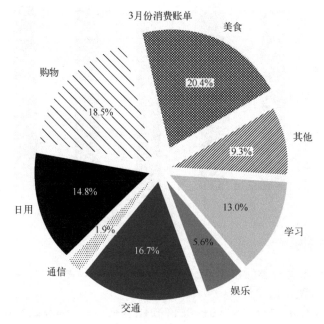

从饼图结果可以快速地分析出，在3月份消费中美食和购物占比较大。

12.4.4 绘制散点图

散点图中，数据以点的形状分散在坐标平面上。对不同类型的点，可以使用不同颜色或形状表示。使用pyplot模块的scatter()方法绘制散点图，格式如下：

```
plt.scatter(x,y,s,marker,c,cmap,norm,vmin,vmax,alpha,linewidths,verts,
edgecolors,*,data,**kwargs)
```

参数说明：
- x 和 y：数据点的位置；
- s：散点的大小；
- marker：散点样式，默认为实心圆；
- c：散点的颜色，默认为'b'；
- cmap：色彩映射表名称，仅当c是浮点数组时才使用；
- norm：如果 c 是浮点数组，则使用0～1之间的数据范围表示亮度；
- vmin 和 vmax：亮度的最小值和最大值；
- alpha：散点透明度，取值为[0, 1]，0表示完全透明，1表示完全不透明；
- linewidths：散点的边缘线宽；
- edgecolors：散点的边缘颜色。

【案例12-9】绘制随机生成的数据的散点图。

x 轴随机生成100个0～20之间的整数，y 轴随机生成100个0～50的随机整数，绘制对应的散点图，代码如下：

```
import matplotlib.pyplot as plt
import random
```

```
plt.rcParams["font.sans-serif"]=["SimHei"]
x_list=[random.randint(0,20) for i in range(100)]
y_list=[random.randint(0,50) for i in range(100)]
size=[random.randint(0,100) for i in range(100)]
plt.scatter(x_list,y_list,s=size,c="blue",marker='*',alpha=0.8)
plt.show()
```
运行上面的代码，结果如下：

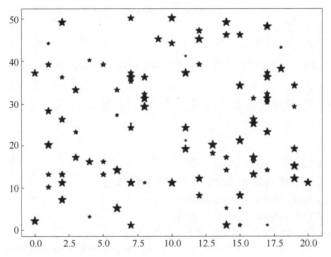

12.5 绘制多图

12.5.1 figure 对象绘图

在前面均是使用 pyplot 模块的 plot()、bar()等方法直接绘制图表。除此之外，也可以面向对象编程思想创建图形对象，通过调用图形对象的方法和属性设置图形。Matplotlib 中提供了 figure 和 axes 支持面向对象编程思想绘制图表。figure 是图的全部，axex 是附加于 figure 上的绘制数据的区域。

（1）创建 figure 对象

使用 figure 创建图表的格式如下：

plt.figure(num,figsize,dpi,facecolor,edgecolor,frameon,FigureClass,clear=False,**kwargs)

参数说明：
- num：图形的编号或名称，若没有提供该参数，则会创建新的图形；若提供该参数，并且具有此 num 的图形已经存在，则会将其激活并返回对其的引用，若此图形不存在，则会创建它。
- figsize：设置画布的宽度和高度，以英寸为单位。
- dpi：设置图形的分辨率，默认为 80。
- facecolor：设置画板的背景颜色。
- edgecolor：设置边框的颜色。
- frameon：是否显示边框。
- clear：若设为 True 且该图形已经存在，则会被清除。

（2）向画布添加 axes

figure 类似于画布，那么 axes 便是画布上的绘图区域。在一个画布中可以包含多个 axes。可以使用 figure 对象的 add_axes()方法将 axes 对象添加到画布中，格式如下：

figure.add_axes(rect,projection,polar=False,**kwargs)

参数说明：

• rect：位置参数，接受包含 4 个元素的列表[left, bottom, width, height]，分别是左侧位置、底部位置、宽度和高度；

• projection：轴的投影类型；

创建了 axes 对象后，可以使用该对象的 plot()方法、bar()方法、pie()方法等绘制各种类型的图表。

【案例 12-10】使用 figure 对象绘制某公司 2021 年和 2022 年四个季度的总销售额（以万为单位）。

案例代码如下：

```
import matplotlib.pyplot as plt
plt.rcParams["font.sans-serif"]=["SimHei"]
tatol_2020=[2100,2500,2300,2800]
tatol_2021=[2700,3100,3000,3200]
season=['1季度','2季度','3季度','4季度']
figure=plt.figure(num="figure1",figsize=(5,5),facecolor="#eeeeee",edgecolor="blue")
axes=figure.add_axes([0.1,0.1,0.8,0.8])
axes.plot(season,tatol_2020,ls='-')
axes.plot(season,tatol_2021,ls='-.')
axes.legend(['2020年','2021年'])
plt.show()
```

其中 axes.legend(['2020 年', '2021 年'])是为图表添加图例，运行上面的代码，结果如下：

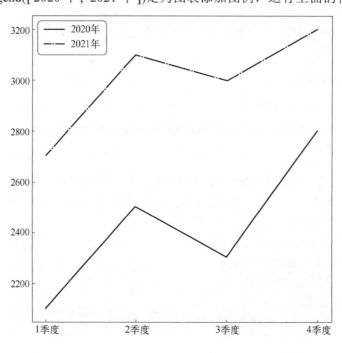

12.5.2 绘制子图

matplotlib 中可以在一张图中显示多个子图。绘制子图的方法有以下三种方式：
- 使用 pyplot 模块的 subplot()方法；
- 使用 pyplot 模块的 subplots()方法；
- 使用 figure 对象的 add_subplot()方法。

（1）用 pyplot 模块的 subplot()方法绘制子图

使用 pyplot 模块的 subplot()方法绘制子图的格式如下：
pyplot.subplot(nrows,ncols,index,sharex,sharey,**kwargs)
参数说明：
- nrows 和 ncols：行数和列数；
- index：索引，默认从 1 开始；
- sharex 和 sharey：是否共享子图的 x 轴和 y 轴。

【案例 12-11】显示杭州地区 9 月 13 日的未来 12 小时气温，以及未来 7 天最高气温和最低气温。

案例代码如下：
```
import matplotlib.pyplot as plt
plt.rcParams["font.sans-serif"]=["SimHei"]
time_list=range(10,22)
time_temperature=[27,29,29,29,29,29,29,29,27,26,25,24]
day_list=range(13,20)
day_max_temperature=[30,25,26,27,30,32,31]
day_min_temperature=[21,23,22,20,22,23,22]
plt.bar(time_list,time_temperature)
ax_time=plt.subplot(121)
ax_time.set_title('未来12小时天气情况')
ax_time.bar(time_list,time_temperature)
ax_day=plt.subplot(122)
ax_day.set_title('未来7天天气情况')
ax_day.plot(day_list,day_max_temperature,ls='-')
ax_day.plot(day_list,day_min_temperature,ls='-.')
ax_day.legend(["最高气温","最低气温"])
plt.show()
```
运行上面代码，结果如下：

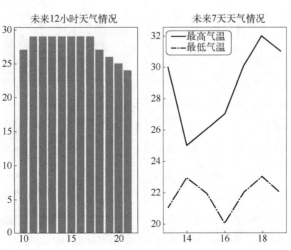

(2)用 figure 对象的 add_subplot()方法绘制子图

使用 figure 对象的 add_subplot()方法绘制子图的格式如下：
figure.add_subplot(nrows,ncols,index,**kwargs)
参数说明：
- nrows 和 ncols：行数和列数。
- index：索引，默认从 1 开始。

【案例 12-12】使用 figure.add_subplot()绘制子图。
自动生成 4 组 x 列表和 y 列表，创建 4 个子图，案例代码如下：

```
import matplotlib.pyplot as plt
import random
plt.rcParams["font.sans-serif"]=["SimHei"]
x1_list=list(range(0,20))
y1_list=[random.randint(0,100) for i in range(20)]
x2_list=list(range(30,40))
y2_list=[random.randint(0,1000) for i in range(10)]
x3_list=list(range(0,10))
y3_list=[random.randint(5000,20000) for i in range(10)]
x4_list=list(range(100,200))
y4_list=[random.randint(0,1000) for i in range(100)]
figure=plt.figure()
ax_1=figure.add_subplot(221)
ax_1.plot(x1_list,y1_list)
ax_2=figure.add_subplot(222)
ax_2.bar(x2_list,y2_list)
ax_3=figure.add_subplot(223)
ax_3.plot(x3_list,y3_list)
ax_4=figure.add_subplot(224)
ax_4.scatter(x4_list,y4_list)
plt.show()
```

运行上面代码，结果如下：

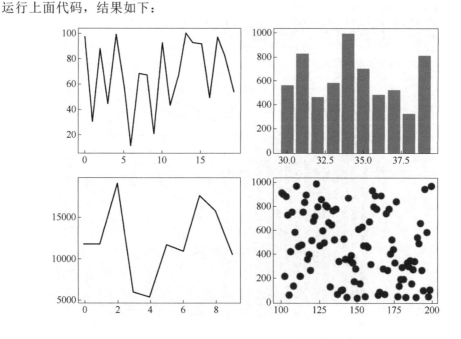

（3）使用 pyplot 模块的 subplots() 方法绘制子图

pyplot 模块的 subplots() 方法会返回一个包含了 figure 对象和 axes 对象的元组。使用 pyplot 模块的 subplots() 方法绘制子图格式如下：

pyplot.subplots(nrows,ncols,sharex,sharey,squeeze,subplot_kw,gridspec_kw,kwargs)**

参数说明：

- nrows 和 ncols：行数和列数；
- sharex 和 sharey：是否共享 x 轴和 y 轴。

使用 subplots() 方法返回一个元组(figure, axes)，因此可以使用两个变量来接收返回值，代码如下：

fig,axes=pyplot.subplots()

【案例 12-13】使用 subplots() 方法绘制带有 4 个子图的图表。
案例代码如下：

```
import matplotlib.pyplot as plt
import random
plt.rcParams["font.sans-serif"]=["SimHei"]
x1_list=list(range(0,20))
y1_list=[random.randint(0,100) for i in range(20)]
x2_list=list(range(30,40))
y2_list=[random.randint(0,1000) for i in range(10)]
x3_list=list(range(0,10))
y3_list=[random.randint(5000,20000) for i in range(10)]
x4_list=list(range(100,200))
y4_list=[random.randint(0,1000) for i in range(100)]
fig,ax=plt.subplots(2,2)
ax[0,0].bar(x1_list,y1_list)
ax[0,0].set_title('图1')
ax[0,1].plot(x2_list,y2_list)
ax[0,0].set_title('图2')
ax[1,0].scatter(x3_list,y3_list)
ax[0,0].set_title('图3')
ax[1,1].plot(x4_list,y4_list)
ax[0,0].set_title('图4')
plt.show()
```

运行上面的代码，结果如下：

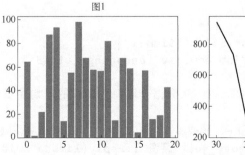
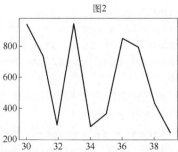

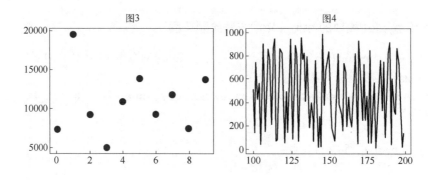

12.6 [训练项目]招聘职位数据分析

从某招聘网站上爬取了北上广深地区的 10000 条招聘信息,保存到"job.csv"文件中。在 11 章的项目中,对"job.csv"数据进行了清洗,并将清洗文件保存在"job_new.csv"文件中。本项目是对清洗过的招聘数据进行分析,并将结果用图表展示。

(1) 项目目的

- 掌握绘制折线图;
- 掌握绘制饼图;
- 掌握绘制柱形图;
- 掌握绘制散点图;
- 掌握图表属性配置;
- 掌握子图绘制。

(2) 项目分析

"job_new.csv"文件中有 10000 条数据项,完成数据读取、数据处理和数据分析。

- 显示北京地区招聘信息。
- 显示北京地区 Java 职位招聘信息:"职位名称""薪资""经验"和"学历"信息。
- 统计每个城市的职位数量总和。
- 统计招聘各种经验的职位数量总和。

(3) 项目代码

① 读取"job_new.csv"文件数据,代码如下:

```
import pandas as pd
import matplotlib.pyplot as plt
plt.rcParams["font.sans-serif"]=["SimHei"]
job_df=pd.read_csv('data/job_new.csv',encoding='utf-8')
print(job_df)
```

② 分析各种类型职位的平均薪资。首先从数据获取每种职位的平均薪资,再使用 plt.bar() 绘制柱形图,代码如下:

```
category_job=job_df.groupby('职位类别')['薪资'].mean().reset_index()
category_job['薪资']=category_job['薪资'].apply(lambda x:int(x))
plt.bar(category_job['职位类别'],category_job['薪资'],width=0.3)
plt.title("Java、Python、大数据和人工智能平均薪资")
```

```
plt.xlabel("职位")
plt.ylabel("薪资")
plt.show()
```
运行上面代码，结果如下：

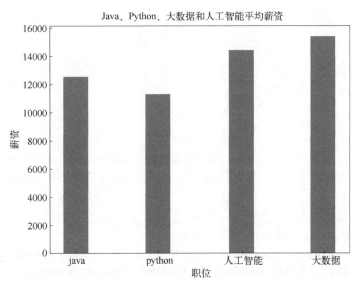

③ 分析各个地区 java、python、大数据和人工智能的招聘数量。

首先，创建一个函数 sum_city()，功能是根据城市，获取每种职位招聘人数总和，代码如下：

```
def sum_city(city):
    job_bj=job_df[job_df['地区']==city]
    sum_bj=job_bj.groupby('职位类别')['招聘人数'].sum().reset_index()
    return sum_bj
```

其次，获取每个城市的各种职位的招聘人数总和，并使用 plt.plot()绘制折线图，代码如下：

```
city_list=['北京','上海','广州','深圳']
sum_bj=sum_city('北京')
sum_sh=sum_city("上海")
sum_gz=sum_city("广州")
sum_sz=sum_city("深圳")
plt.plot(sum_bj['职位类别'],sum_bj['招聘人数'],ls='-')
plt.plot(sum_sh['职位类别'],sum_sh['招聘人数'],ls='-.')
plt.plot(sum_gz['职位类别'],sum_gz['招聘人数'],ls='--')
plt.plot(sum_sz['职位类别'],sum_sz['招聘人数'],ls=':')
plt.legend(city_list)
plt.title("北上广深地区 java、python、大数据和人工智能招聘人数")
plt.xlabel("职位")
plt.ylabel("招聘人数")
plt.show()
```

运行结果如下：

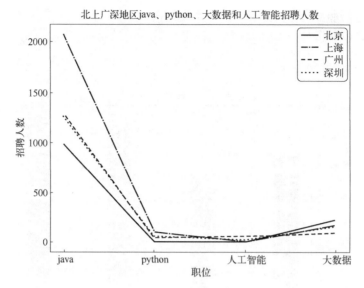

④ 分析不同学历的招聘人数比例。根据学历对 job_df 进行分类，获取每种学历的招聘人数总和，再使用 plt.pie 绘制饼图，代码如下：

```
degree_count=job_df.groupby('学历')['招聘人数'].sum().reset_index()
plt.pie(degree_count['招聘人数'],labels=degree_count['学历'],autopct="%.1f%%")
plt.title("不同学历招聘人数比例")
plt.show()
```

运行上面代码，结果如下：

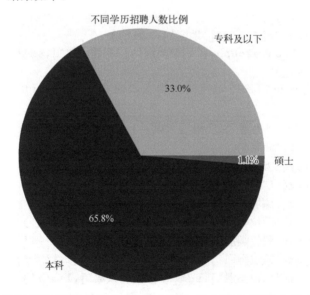

⑤ 分析职位数量和平均薪资之间的关系。获取每个职位招聘人数总和和平均薪资，再使用 scatter()方法绘制散点图，代码如下：

```
category_count=job_df.groupby('职位名称')['招聘人数'].sum().reset_index()
category_salary=job_df.groupby('职位名称')['薪资'].mean().reset_index()
category_salary['薪资']=category_salary['薪资'].apply(lambda x:int(x))
figure=plt.figure()
ax=figure.add_axes([0.1,0.1,0.8,0.8])
ax.set_xlim(0,50)
```

```
ax.set_xlabel("职位数量")
ax.set_ylabel("职位薪资")
ax.scatter(category_count['招聘人数'],category_salary['薪资'])
plt.show()
```
运行上面代码，结果如下：

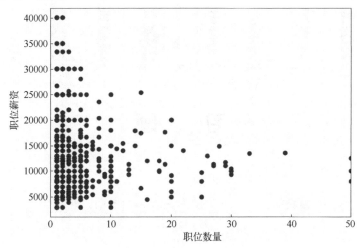

⑥ 分析每个城市招聘各种经验的职位总和。根据地区、经验对 job_df 分类，获取各地区各种经验的职位总和，并使用 plt.subplots()绘制包含 4 个子图的图形，代码如下：

```
city_expriece_count=job_df.groupby(['地区','经验'])['招聘人数'].sum().reset_index()
fig,ax=plt.subplots(2,2)
ax[0,0].bar(city_expriece_count['经验'].drop_duplicates(),city_expriece_count[city_expriece_count['地区']=='上海']['招聘人数'],width=0.3)
ax[0,1].bar(city_expriece_count['经验'].drop_duplicates(),city_expriece_count[city_expriece_count['地区']=='北京']['招聘人数'],width=0.3)
ax[1,0].bar(city_expriece_count['经验'].drop_duplicates(),city_expriece_count[city_expriece_count['地区']=='广州']['招聘人数'],width=0.3)
ax[1,1].bar(city_expriece_count['经验'].drop_duplicates(),city_expriece_count[city_expriece_count['地区']=='深圳']['招聘人数'],width=0.3)
ax[0,0].set_title("上海地区各种经验招聘人数")
ax[0,1].set_title("北京地区各种经验招聘人数")
ax[1,0].set_title("广州地区各种经验招聘人数")
ax[1,1].set_title("深圳地区各种经验招聘人数")
plt.show()
```
运行上面代码，结果如下：

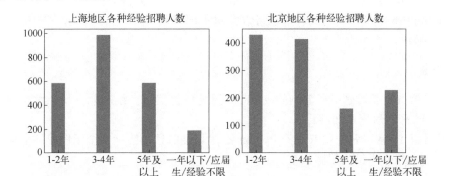

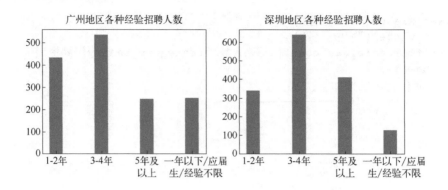

习　题

一、选择题

1. 一般使用 pyplot 模块的（　　）方法为图表添加图例。
   A. title()　　　　　　　　　B. label()
   C. legend()　　　　　　　　D. xlim()
2. 一般使用 pyplot 模块的（　　）方法绘制柱形图。
   A. plot()　　　　　　　　　B. pie()
   C. scatter()　　　　　　　　D. bar()
3. matplotlib 中可以在一张图中显示多个子图，下列不能绘制子图的方法是（　　）。
   A. pyplot 模块的 subplot()方法　　　B. pyplot 模块的 subplots()方法
   C. pyplot 模块的 plot()方法　　　　D. figure 对象的 add_subplot()方法
4. 使用 pyplot 模块的 title()方法添加图表标题，其中（　　）设置标题的位置。
   A. label　　　　　　　　　B. loc
   C. fontdict　　　　　　　　D. pad

二、填空题

1. _____将数据用图表的形式表现，使数据更直观，突出数据背后的规律与重要因素。
2. 使用 pyplot 库的_____方法可以绘制最基本的二维图。
3. 网格是图表的辅助线条，可以使人们更轻松地查看图表中的数值。pyplot 模块提供了_____方法显示和隐藏网格。
4. 使用 figure 对象的_____方法将 axes 对象添加到画布中。
5. Matplotlib 中最常用的 8 种颜色可以使用单词和单词缩写方式表示。其中"r"代表的是_____颜色。

三、编程题

1. 根据第 10 章习题中爬取到的 Python 招聘职位信息，绘制北京、上海、深圳和杭州 Python 职位的平均薪资的折线图。
2. 根据第 10 章习题中爬取到的 Python 招聘职位信息，绘制四个子图描述北京、上海、深圳和杭州 Python 职位的招聘人数。

参考文献

[1] 黑马程序员. Python 快速编程入门. 2 版. 北京：人民邮电出版社，2021.
[2] 埃里克·马瑟斯（Eric Matthes）. Python 编程从入门到实践. 袁国忠，译. 2 版. 北京：人民邮电出版社，2021.
[3] 明日科技. 零基础学 Python. 长春：吉林大学出版社，2021.
[4] 黑马程序员. Python 数据可视化. 北京：人民邮电出版社，2021.
[5] 罗攀，蒋仟. 从零开始学 Python 网络爬虫. 北京：机械工业出版社，2020.
[6] 黑马程序员. Python 网络爬虫基础教程. 北京：人民邮电出版社，2022.
[7] 李庆辉. 深入浅出 Pandas：利用 Python 进行数据处理与分析. 北京：机械工业出版社，2021.

参考文献